青少年科技类综合实践活动案例集

王宏鹏　主编

天津出版传媒集团
天津科技翻译出版有限公司

图书在版编目（CIP）数据

青少年科技类综合实践活动案例集 / 王宏鹏主编.
天津 ：天津科技翻译出版有限公司，2024. 8 -- ISBN
978-7-5433-4497-6

Ⅰ. N19

中国国家版本馆CIP数据核字第2024LN6989号

青少年科技类综合实践活动案例集

QINGSHAONIAN KEJILEI ZONGHE SHIJIAN HUODONG ANLIJI

出　　版： 天津科技翻译出版有限公司
出 版 人： 方　艳
地　　址： 天津市南开区白堤路244号
邮政编码： 300192
电　　话： （022）87894896
传　　真： （022）87893237
网　　址： www.tsttpc.com
印　　厂： 雅迪云印（天津）科技有限公司
发　　行： 全国新华书店
版本记录： 710mm × 1000mm　16开本　15.5印张　150千字
2024年8月第1版　2024年8月第1次印刷
定价：88.00元

编者名单

Editor's list

主　编　王宏鹏　天津科学技术馆

副主编　李　维　天津师范大学

编　者（按姓氏汉语拼音排序）

纪宝伟　天津市东丽区丽泽小学

李　维　天津师范大学

刘　鑫　教育科学出版社

刘　燕　天津市河西区平山道小学

刘春华　天津师范大学

刘若淼　天津市第二十中学

刘学瑞　天津市滨海新区塘沽第五中学

祁永成　天津市滨海新区大港第二中学

沈　洋　天津市河西区平山道小学

王宏鹏　天津科学技术馆

王　凯　天津市第一中学滨海学校

王　凯　天津市河北区光明小学

王万江　天津市实验小学

闫小蒙　天津市南开中学

赵立群　天津经济技术开发区国际学校

朱纯普　天津市滨海新区大港第一中学

前言
Foreword

当今世界，科技是第一生产力，人才是第一资源，创新是引领发展的第一动力，科技创新是推动经济社会发展的强大引擎和革命性力量。

少年智则国智，少年强则国强。青少年是祖国的未来，科学的希望。面向青少年的科技教育是培养和提高国民科学素质的基本途径和基础工程。青少年科技教育分为正规教育和非正规教育两种类型。正规教育一般是指学校的基础教育和系统化教育，非正规教育一般是指学校以外的非基础性和非系统化的教育。当代科学普及属于非正规科技教育的一种形式，是学校科技教育的继续、延伸和必要补充。随着社会的进步和科技教育事业的发展，当代科学普及已经进入学校的正规教育系统之中，成为与正规教育配合的不可缺少的重要组成部分。

2019 年 4 月，天津市出台了《关于大力推进全域科普工作的实施意见》，标志着天津市全域科普行动的启动，拉开了构筑具有区域特色、适应地方公众需求的科普服务体系的序幕。针对全域科普服务创新重点人群之一的青少年群体，青少年科技活动因其生动活泼的实践形态历来是培养青少年科技兴趣、拓展青少年视野、开发青少年创造潜能、发展青少年个性特长不可或缺的一部分，并且是深受青少年群体喜爱的课外教育形式。在天津市全域科普行动的新形势下，急需面对中小学课程改革深化的新场景，坚持“以青少年为中心”的科技教育服务理念，把科技活动做成青少年乐享的服务产品，把科技教育的需求转化为青少年的自身需求，把青少年的获得感作为评价科技活动质量的标准，构建科普活动供给与青少年科普需求的新格局。

结合 STEM 教育理念和综合实践活动开发，天津市在青少年科技活动领域率先提出了“科技活动课程化、科技课程活动化”的双向互动的创新发展思路，将近年来天津市青少年科技活动案例借助综合实践活动课程平台实现科技类综合实践活动进课堂，再通过比赛的方式集中展示和检验课程教学的效果。以校外促校内，以课外推课内，用科普资源助力学校科技教育，同时为科普资源注入新活力。

本书所呈现的若干案例反映了天津市青少年科技活动在全域科普背景下的初步探索。尽管各案例的设计已被多次完善，每个案例都已在实践中经过完整的教学检验，并在各种不同的场合展示过，但作为活动课程，有明显异于学科课程的开放性和建构性特征。本书所呈现的只是案例设计者在课程主题下的一种设计思路，所展示的教学片断也只是为了更清晰地表达任教者临场的教学氛围。故此，本书在各案例的呈现体例上并没有要求完全一致，而是更多地是想反映案例设计者对活动课程教学的理解。其他教师完全可以在理解案例设计的核心目标基础上针对教学情况进行教学预判和二次开发，在教学现场与学生的互动中不断推进与调整教学过程，生成更多、更好的活动课程设计成果。

本书由各案例的设计者分头执笔完成。由于时间紧促，加之编者能力有限，不当与谬误之处在所难免，诚望读者批评指正。

编者

2024 年 5 月

目录 Contents

第1章　造船挑战及分列活动

活动设计开发人员：刘春华、李维、刘鑫、闫小蒙、刘若淼

设计单位：天津师范大学　天津市第二十中学

指导教师：天津师范大学 李维　刘春华

适用年级：10~12 年级

一、活动主题

如果一个客户让你为他造一艘船，你需要向客户了解哪些信息？不同客户对船的功能及外形需求、所能支付的费用和船占据的空间的要求是不一样的。我们在以下三个挑战中将体会到工程设计的过程和最终的方案是怎样根据客户不同的需求而显著不同的。

承重最大挑战：讨论使用给定的乐高插件，怎样造船承重最大；讨论怎样比较船的承重；构建船只并检验哪只船承重最大；分析为什么获胜的船只承重最大。

船速最快挑战：讨论使用给定的乐高插件，怎样造船船速最快；讨论怎样比较船的速度；构建船只并检验哪只船船速最快；分析为什么获胜的船只船速最快。

兼顾船速和承重的挑战：讨论怎样设计一个任务，需要既考虑船的速

度，又考虑承重的大小；每组设计一个挑战；每组讨论怎样检验并选出挑战的获胜者；根据挑战，设计并制作最优化的船，检验小组中哪只船最优化。

二、活动目的

让学生在造船挑战系列活动中了解工程设计、科学探索、数学和技术是怎样在现实生活中相互结合的。

（一）了解工程设计的过程

识别挑战：发展对设计问题或挑战的理解。

工程设计的限制条件：客户的需求不同，产品设计的过程和结果也不一样。

工程设计是一个设计、制作、检验和修改的往复过程。

让学生尝试自己设计挑战：学会增加限制条件。

（二）了解科学探索的过程

根据工程设计中可能的影响因素，提出要进行科学探索的问题。

尝试区分和剥离不同的变量，理解在实际问题中控制变量的艰难。

锻炼将科学探索的结果应用到工程设计中。

（三）了解数学知识构建的过程

数学知识的产生源于解决生活中的实际问题或科学探索。体会建立数学模型的困难：需要识别相关变量、理想化实际的构造、忽略次要因素，以及理解数学推导的结论在实际问题中的含义。

（四）了解技术在工程设计和科学探索中的应用

深入了解简单机械的作用。

创造性地使用材料。

了解船只在行驶时可能遇到的技术问题和解决的方法。

三、活动过程

在实施过程中，这三个挑战每个需要 2~3 小时（4~6 课时）。三个挑战总共需要 6~8 小时（10~14 课时）。下面详细描述实施的过程。描述中学生的名字使用的是假名，但是对话是真实的，是根据活动录像逐字逐句誊写出来的。感谢所有参加 STEM 系列活动的同学们！另外，部分对话中添加的评论内容是课后的反思，这些反思包括做得好的情况和需要改进的地方。

挑战一：承重最大挑战

1. 老师引导全班讨论：如果一个客户让你为他造一艘船，你需要向客户了解哪些信息?

学生的讨论主要包括三个方面。

功能需求：装得多？跑得快？

限制条件：费用？材料？大小？

艺术需求：简约？豪华？

老师介绍这个系列活动的主题：下面我们就模拟一下造船的过程。我们将分别根据客户的 3 种不同需求进行造船。我们来体会一下，当造船的需求不同时，设计过程和设计结果将怎样发生变化。

2. 老师提示第一个挑战：承重最大挑战

（1）造船材料：32 个1cm × 2cm 的乐高积木；泡沫板（做船底）；透明胶带（防止漏水）。可以都用，也可以只用一部分材料。

（2）工具：剪刀。

3. 先小组内讨论，然后全班汇总：怎样造船承重最大?

老师：第一组同学先说一下你们讨论的结果。

组一：在截面积一定的情况下，船越深承重越大。

老师：请第二组同学。

组二：应该把插件拼成一圈，高度是一个插件的高度；或者把这个圈缩小，高度是两个插件的高度。

刘老师：为什么要做成圆形？

组二：因为我记得在周长一定的情况下，圆形面积最大。

刘老师：那你觉得一层的好，还是两层的好？

组二：我觉得两层的好。

刘老师：为什么两层的好？

组二：我觉得两层的容积更大。一层是一个大圆，两层是两个圆铺成一块。

刘老师：三层会不会更好？

组二：我觉得构件铺不了三层。

刘老师：第三组同学。

组三：我们觉得让它的底面积尽量大一些。像他们说的一层也不好，高度应该有几层吧。

刘老师：第四组同学。

组四：我们是想要排水的体积最大。刚刚这组讲到他们想用圆形的，我记得圆形是最容易翻船的。我们可能会采用方形或最普通的那种船型。这样它会更稳，不会还没有把货物装上船就翻了。

刘老师：前几组同学只考虑了承重大，这组同学还考虑了船会不会翻的问题。

评论：老师总结学生提到的想法，但并没有纠正他们的想法，而是让学生在小组内动手试一试。

4. 小组边讨论边制作

老师强调：每组有两套材料。每组的两个同学每个人做一只船。两个人不要做成一样的。如果两个人有相同的想法，那么一个同学做承重最大的，另一个同学做承重最小的。如果两个同学认为承重最大的情况是不一样的，那么每个同学都做承重最大的。

5. 讨论怎样评估哪只船承重最大

刘老师：请大家想一下，如果我们想比较两只船哪只承重最大，应该怎样比较?

组一:我觉得可以像一些砝码一样把单位重量当重物。

刘老师:把砝码放在船里。看哪只船上放得多,是吗?除了砝码之外,还有没有其他建议?放砝码有没有不方便的地方?如果用砝码,砝码一旦生锈了,它的精确度会受影响,将来再使用可能会出现问题。而且一般砝码是一个50g,两个20g,两个10g,还有5g、1g,是吧?每次试的时候,如果大了还得拿出来,重新再放小的。

评论:如果有时间,使用砝码不方便的地方还是应该让学生们自己讨论出来。

组二:可以往船里放水。看哪只船装的水多。

组一:但是如果用容纳的流体作为检验标准,那么对船能容纳的最大体积是有要求的。如果是固体,那么它承重的空间是有局限的。

刘老师:就是说如果放流体,体积会起最大的作用。

组一:对!

刘老师:如果放固体可以落在其他物体上面呢?另外,往船里放水来检验是否还有其他不利因素?

组一:对船的密封性会有很高的要求。

刘老师:是的,因为外面是水,里面也是水,是否进水了咱们不知道。

组二:我觉得外面不用放水。

刘老师:外面不用放水?

组二:往里面放水。不就是看他排开水的体积吗?因为一旦水没过去,船就肯定沉底了。

刘老师:实际上就是看它内部能容纳的体积是多大?

评论:教师在这并没有纠正学生,而是等着在后面的实验讨论中,让学生自己发现了船内装水的方法是否合理。

刘老师:做完的同学可以先试,我先说一下目前咱们有哪些东西可以作为检测用的重物。咱们有硬币,每个硬币的重量都差不多;有铁珠,每个铁珠的重量比硬币更小一点。船比较小的时候用珠子比较合适。我们做比较的时候，最好能用相同的东西。

评论：在这个时候，老师应该让学生自己讨论硬币和珠子的不同，及用硬币或珠子的优缺点。

刘老师：第 2 组说的加水的情况，咱们有滴定管，也可以试试。

6. 每组同学展示他们的船

检验承重的情况并讨论为什么优胜的船承重大，以对其中一组设计的讨论为例：一层还是两层（图 1-1）。

图 1-1　一层还是两层。

刘老师：咱们讨论一下这两只船，你们觉得哪只承重最大？

几个同学一起说：肯定是这个（一层的）呀。

刘老师：为什么？

丁丁：这只船装得多，能提供的浮力也大。

刘老师：为什么？

丁丁：因为这只船泡沫多，体积也大。

刘老师：为什么这只船的体积大呢？

旦旦：它的底面积大，两层的船高度比一层的船高一层，但是不足以……

刘老师：谁能用数学的方法解释一下为什么这只船的体积比那只船的体积大？

美美把她们已经写好的推导过程给老师看，这两只船是美美和方方做的。

刘老师：美美和方方已经推导出了公式。其他同学也想一想……大家说说这只一层的船的体积是这只两层的船体积的几倍？

旦旦：大概 3 到 4 倍。

华华：面积至少是 4 倍，但是它的高度只有它的 1/2。

刘老师：所以一层的船体积是两层的？

华华：两倍。

丁丁：不止两倍。

井井：（对美美说）你说一下是几倍？

美美：一层的这只船的体积是 256m^3，两层的船的体积是 140m^3。

刘老师：你给大家解释一下这个数是怎么得出来的。

美美：以两层的船为例，咱们要算它的体积，也就是底面积乘以高。可以根据积木的个数，一个积木算作两个（因为每个积木是 2×1 的），然后就是 1、2、3、4、5、6、7、8、9、10，就算 10（长边是 10），体积就是长 × 宽 × 高，即 10×7×2=140。用这个方法算 1 层、2 层、3 层，发现 1 层的体积最大。我们后来还用代数的方法算了一下。

刘老师：怎么算的？

美美：体积是底面积乘以高，刚刚这只船如果是正方形，那么它的体积还应该更大一些。

刘老师：如果两层的是正方形，那么它的体积还要更大一些？

美美：对。我们可以把底边看作是正方形，也就是底边的平方再乘以高。它的一个底边乘以高相当于是它的每个侧面的面积。

刘老师：然后呢？

美美：积木的个数是一样的，而且每一个积木都算了它的一个面，所以船的总侧面积是一样的。体积相当于一个底边乘以侧面积。

刘老师：能把你的数学公式或帮助大家理解的内容写在黑板上吗？

图 1-2 显示了美美的推导过程，她写完后又给大家讲解了一遍。

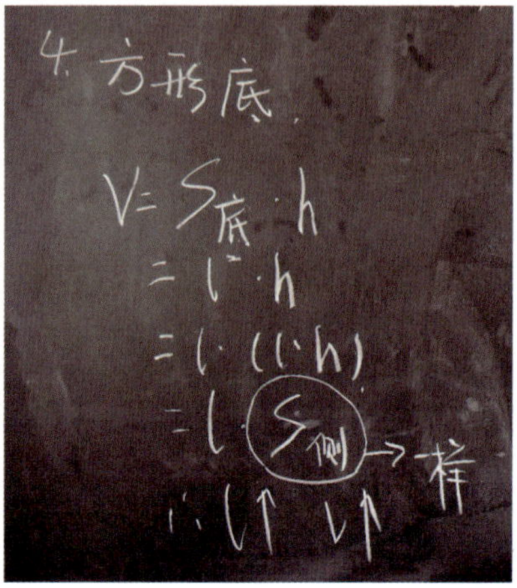

图 1-2　美美在黑板上展示她们的推导过程。

7. 讨论怎样检验船的承重

刘老师：晨晨，你不是想试一下用装多少水来评估船的承重吗，你们小组可以去那个大水槽那儿，上面有滴定管。

晨晨：老师，我那个肯定不行。

刘老师：为什么？

晨晨：我那个装不了太多水，但是它却能盛很多铁珠。

刘老师：咱们大家都听一下。刚才讨论的时候，我问大家怎样比较承重的大小，有的同学说可以加砝码，有的同学说不用把船放水里检验，只往船里加水就可以。看哪种形式装的水多，就说明哪只船承重大。大家认为这个说法合理还是不合理？

丁丁：装水是怎么装？是直接往里面装？

旦旦：肯定不合理。

晨晨：现在看来是不合理的，因为这个板自身是不能装水的。这个板子对浮力影响很大，但对装水没有影响。

刘老师：那这样，只说这一组（一层和二层的那个），不往水里放船，只往船里加水。然后看哪个里面加的水多，行不行?

晨晨：我感觉也不合理。

丁丁：我感觉都能装满了。

李老师：你们试试。

（晨晨把船里面装满了水，然后又放到了水槽里。）

刘老师：装满了没倒，是吧?

丁丁：连通了吧（他指的是有可能漏水了，里外水连在一起了）?

晨晨：怎么能证明它连没连通?

刘老师：把它摁到水里，看它是否能浮起来。

几个同学一起说：肯定能浮起来。（实验结果证明果然浮起来了。）

刘老师：什么原因使它一定能浮起来?

丁丁：有气泡。

李老师：整体密度比水轻呀!

刘老师：您别告诉他们呀，他们现在始终就没说到密度。

晨晨：明显能看见里面有气泡。

刘老师：那你们觉得它之所以会浮起来，主要原因是气泡还是……要是没有气泡呢，把气泡都排出去呢?

丁丁：这个积木里面就是空心的，它就是有气体呀。

刘老师：水有可能已经渗到里面了。

丁丁：它的密度就是比水小。

刘老师：到底是因为它有气泡呢，还是因为积木是空心的?还是因为它是塑料的?

几个同学一起说：塑料的。

其他组也把他们的船装满水，放到水里试能不能漂浮。

刘老师：有没有不能漂浮的?

同学们发现他们的船装满水后都能浮起来。

李老师：有没有多余的小块儿?拿来一个（李老师把乐高积木直接放

到水里），插件都浮着，那个泡沫也浮着，这俩粘在一起也浮着，所以肯定都浮着。但这样用加水的方法是比不出来承重大小的，只能加比水重的东西（李老师指的是比水密度大的）。

评论：我们后来又做了个实验，发现其实这种制作乐高积木的塑料的密度是比水的密度大的，它之所以浮着是因为乐高积木的空心部分有气体被水封在里面了。

挑战二：船速最快挑战

造船材料：32 个 1×2 的乐高积木；泡沫板；透明胶带。

工具：剪刀。

先小组内讨论，然后全班汇总。

老师建议：不急着设计和制作船，先考虑哪些因素会影响船的速度。

讨论的过程可能较长，如一个小时多一些。共讨论了两轮：第一轮讨论后大家决定主要考虑四个因素，即船的质量、船的吃水深度、船的迎水面积和船底的光滑程度。第二轮讨论的目的是怎样把这四个变量剥离开来，以对每个变量的影响进行控制变量的探索。每个小组负责考察一个变量。在讨论哪些因素会影响船的速度的过程中，还讨论了如何准确地检验哪只船能行驶的速度更快。下面的对话展示了这个讨论的过程。

1. 讨论如何准确地检验哪只船行驶的速度更快

刘老师：咱们先讨论动力，一会检验的时候再说影响船速的因素。大家利用现有的东西，检验哪只船的船速快。

旦旦：我以前见过的是吹相同大小的气球，然后粘在船的后面，松开口。

刘老师：把气球粘在船的后面，当气球里面的气往外喷的时候，船就会往前走。这是一个办法。还有没有别的办法？我们要想判断船速，什么必须得相同？提供一个相同的条件，来判断船速快还是不快。

旦旦：能量总量是相同的。刚才第 1 组说到的水流，咱们是不是不大可能实现给它相同的水流速度？如果可以产生相同的水流的话，把所有小船都同时静止地放在上面，再看相同时间谁走得远，那么它受到的阻力就最小。

刘老师：你是说水是流动的，然后船都同时静止地放下，这个倒是挺有意思。大家想想如果说水本身是流动的，然后在上面放船，那么应该它们之间阻力越大船走得越快呢？还是阻力越小船走得越快？

（同学们没明白）

刘老师：这时候不叫阻力，而是它们之间的摩擦力。

旦旦和同组的同学说：那应该是摩擦力越大走得越快。

刘老师：是不是？！如果按你（旦旦）的设计的话。

旦旦：那就不行了。这个方法不行。

刘老师：这个方法不行。还有没有其他方法？

（没有同学回答）

刘老师：我们能不能给它们一个相同的力，然后在相同的力的作用下看哪个船速快。

旦旦：相同的力怎么给？

刘老师：我有弹簧秤（拿出两个弹簧秤），大家看看有没有可能实现？比如我用它勾着船。

旦旦：很小的力就可以把它拖走了，不够灵敏。

刘老师：还有没有其他办法？

（没有同学回答）

刘老师：（举起一个上面固定滑轮的铁架台）这个用得上吗？

（同学们在认真思考）

刘老师：我们还有绳子（拿起一卷塑料绳），大家看看有这些东西的话，可不可能拉着船准确地比较哪个船速快。

晨晨：咱们有定滑轮是吧？

刘老师：对。

晨晨：（站在铁架台边上说）比如这有水（用手比画铁架台的侧下方），

然后在这儿放上船（指的是在水面上），并让它静止。连着绳子跨过这边的定滑轮，这边放个重物，用这只手托着，测速度的时候把手松开。这个重物不是自然会往下掉吗？这时候小船走的速度跟重物有一定的关系。

刘老师：然后你测什么？

晨晨：测时间。

刘老师：测时间，也就是测重物下落的时间，或者是小船从这头走到那头的时间。

（在这儿刘老师可以问学生测哪段时间，让学生自己想。）

刘老师：我画一下晨晨说的是什么意思。绳子的一头系在船上，另一头……

晨晨：另一头跨过定滑轮，然后往下走。

刘老师：这里有个问题，这个力的方向是斜向上的。

晨晨：对呀，每个小船走到那个位置的时候，力都是同一个方向。

刘老师：如果能让拉力是水平的话，是不是更好一点？

晨晨：是的，会好一点。

刘老师：如果往上拉，一部分力是提着船向上的。

旦旦：对，就会影响船与水的接触。

刘老师：那我们怎样实现把它变成平着拉呢？

旦旦和晨晨：把定滑轮放在那儿，粘到水槽上。

刘老师：你是说把定滑轮放在下面（和水槽齐平的地方）吧？

旦旦和晨晨：对。

刘老师：让它低一点。但目前可能没法往下移。因为水槽边缘比水高。如果你在水槽边固定定滑轮，也不可能是水平地拉动。还有没有别的办法？如果船在这儿，我能不能通过某种方式让它水平拉动？之后将绳子固定在滑轮上，再绕过来。大家讨论一下，我们如果平着拉。应该怎么做？

兰兰：让水和水槽是平面。

刘老师：把水加得满满的。

兰兰：对。

刘老师：即使把水加得满满的，可是滑轮还是有一定高度的，在简单机械里怎么改变方向？

旦旦和晨晨：放个物体挡着。

刘老师：你们俩继续说。

旦旦：就是放个物体挡一下，把线挡成直线。

晨晨：相当于借助一个滑轮。

刘老师对旦旦说：你能用积木搭出一个东西，让它起到改变方向的作用吗？

旦旦：能。

刘老师：你的意思就是做一个东西，像小环一样。然后放在水槽边的水面上，拉的时候绳从小环进来。

旦旦：对。

刘老师：一会儿你负责做这个东西。

图 1-3 是旦旦同学用两个 2 块乐高积木做的改变拉船的绳子方向的一个小环。

图 1-3　旦旦用乐高积木做的环，起到改变方向的作用。

旦旦将这个自制的蓝色装置粘在水槽的一侧（图 1–4）。

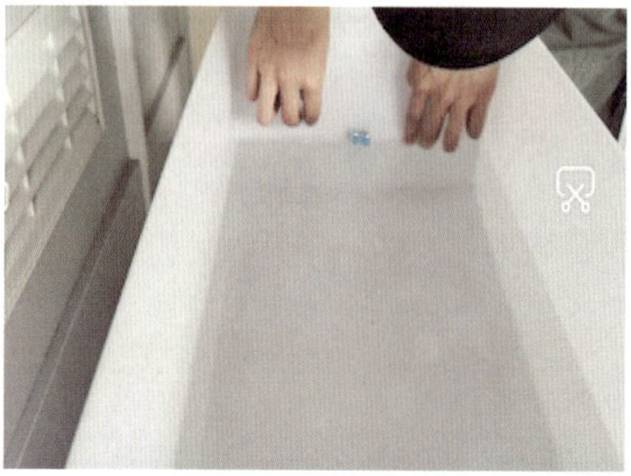

图 1–4　旦旦把这个改变方向的环粘到水槽上。

2. 探索某个变量对船速的影响

下面以其中一个小组为例展示学生们是怎样通过控制其他变量来探索一个变量对船速的影响的。照片中是这组同学设计并制作的两只小船。下面的对话是学生做完实验之后的讨论（图 1–5）。

图 1–5　吃水深度不同的两只船。

刘老师：你们说说这两只船的特点。

丁丁：这两只船的迎水面积是一样的。因为它这面（迎水的一面）的宽度是乐高积木的两个长加两个宽。这只船迎水的一面的宽度也是两个长加两个宽。另外就是这两只船的质量是一样的，用的都是 16 块乐高积木，虽然泡沫板的耗材不一样，但是也把它（底面积大的船）切后装到这（底面积小的船）里面了，所以能保证它们的质量是完全一样的，光滑程度也是一样的。这两只船全都是包了胶带的。

刘老师：不一样的地方呢？

丁丁：不一样的地方是吃水深度。底面积大的船所受到的浮力更大一些，因为它下面是两块泡沫板。

刘老师：这两只船的质量一样吗？

丁丁：质量一样。

旦旦和华华同时说：质量一样都能保持漂浮，浮力不就一样吗？

丁丁：差的是哪儿呢？

旦旦：不是吃水深度吗？

丁丁：对，是吃水深度。

刘老师：为什么吃水深度不一样？

旦旦：底面积不一样大。

华华：对呀，底面积不一样大。

旦旦和华华同时说：底面积越大，吃水深度越小。

丁丁：对，浮力一样，就说明排开水的体积是一样的。因为底面积不一样，所以说吃水深度不一样。对，就是因为这个。

刘老师：他们的解释大家都听懂了？

（其他同学点头）

刘老师：最后的结论呢？

琪琪：第 2 只船用的时间是 4 秒。

丁丁：第 2 只慢，也就是吃水深度大的会慢一些。

挑战三：怎样设计一个任务既要考虑船的速度，又要考虑承重的大小？

1. 实验后思考

挑战二完成后，老师让同学们思考："设计一个任务，既要考虑船的速度，又要考虑承重的大小。”担心铁珠不够用，就让同学们把船做小点，这个挑战就只让他们用 16 块乐高积木、一块泡沫板和胶带。

2. 各组提出设计方案

讨论过程大概半个小时。最后大家统一为一个方案：运输大量的铁珠，看谁设计的船最快运完。载重多的船运一趟花的时间长，但是需要运的趟数少；速度快的船装得少，需要运更多的趟数。最后的检验方法是测定每只船每秒能运多少铁珠。但是每组同学又有他们自己的侧重点：第一组要看同一只船装不同的货物效率是怎样变化的；第二组只考虑每只船承重最多时的效率；第三组重点检验是否在承重和速度的关系中有一个折中点，是否在这个折中点运输效率最大；第四组检验在考虑成本的情况下的运输效率。

下面是两组同学分别展示他们的研究结果时的讨论。

（1）第一组：比较不同的船的载重效率。图 1-6 是这组两名同学设计的船。

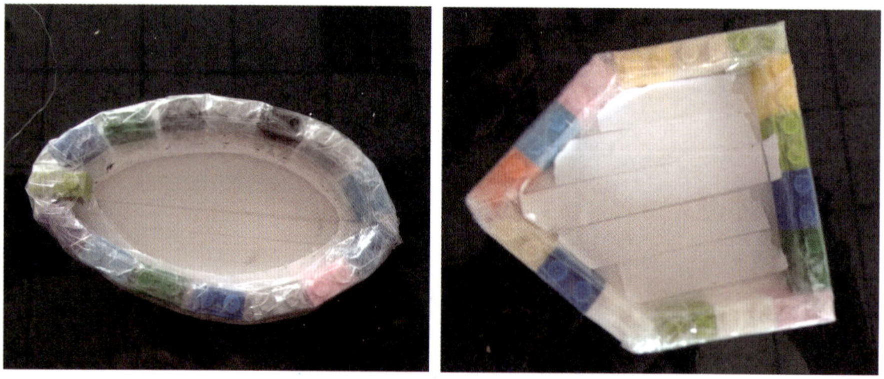

图 1-6　为比较不同的船的载重效率设计的两只船。

旦旦：我的船用了 16 块小积木，做了一层，用了两层泡沫板。最底下这层泡沫板，用胶带对它进行了光滑处理，可以使它速度更快。上面这层泡沫板的处理和上次课的不一样，我把它挖空了。这样可以装更多的铁珠。而且它的重心也可以降低，这样或多或少地减少了船本身的重量。船的形状设计我不知道是不是流线型，但我尽可能地让它没有尖锐的角，是上次课那组同学给了我启发。这是当它装 70 个铁珠的时候测出的效率，算下来是 14.99 个。当它装 80 个铁球的时候，算下来是 16 个。

刘老师：每秒运几个铁珠？

旦旦：一秒是 16 个铁珠。

刘老师：其他同学有比旦旦的效率大的吗？

其他同学：没有。

刘老师：同学们，你们觉得旦旦这个办法效率大的原因是什么？因为我们现在给的都是 16 块积木。有的同学用的少一点，但最多只能用 16 块。旦旦的办法之所以效率比大家的大，原因在哪儿？

照照：跟他的相比，我做的船迎水面积要大一些。他的船比较尖，阻力小，快一些。跟他挖的这个也有关系。

刘老师：他挖的这个部分起到了什么作用？

照照：重心降低。

旦旦：对，重心降低。

刘老师：还有呢？

旦旦：还有就是装得更多。

刘老师：为什么它装得更多呢？

旦旦：多了下面那一层。

刘老师：也就是其他同学都有 16 块积木，相当于在下面用泡沫当积木又多了一层。

旦旦：其实我并没有把小珠完全加到积木块这儿（不好意思地笑了），还是相当于只加了一层多一些，所以不算犯规（同学们都笑了）。

照照：我设计的这只船是尖形的，就像箭头一样。但是角度设计得有点大，如果再小一点会好一些。我这只船也是双层的，但是里面没有挖空。这两只的承载量是不一样的，我这只船小一点。

刘老师：你这只船每秒运几个铁珠？

照照：10个。但是我感觉可以再装，只是我怕它翻了就没再装。因为铁珠一层都没有装满，所以放到水里的时候它会动，不稳。我就把它们固定了一下。

刘老师：你是把它们粘上了，是吧？

照照：对，用双面胶粘上了，让它们掉不下来（演示给大家看）。

（2）第二组：检验是否在承重和速度的关系中有一个折中点，是否在这个折中点运输效率最高（图1-7）。

图1-7　为检验是否在承重和速度的关系中有一个折中点而设计的船。

晨晨：我们设计的思路主要是从数学中来的。我们要分次数轮流拿100个，如果拿5次，每次拿20个；如果拿4次，每次拿25个；如果拿10次，每次拿10个。我们知道只有当它是10×10也就是正方形的时候，获得的面积最大。所以我觉得是不是当它的次数和每次运输的数量相等或者接近的时候效率最高。也就是既不是运输次数最多，也不是运的最重的时候效率最高。所以我们设计了这三只不一样的船。每只船上摆放的积木数量是一样的，我们就这样控制运货的质量不同。华华的这只船是装得最多的，素素的这只船是装得第二多的，我的这只船是装得最少的。最终得出来的数据是：最多装66个铁珠，效率是运10.154铁珠/秒，是我们这组效率最高的。中型的这只船最多能装24个，效率是运4铁珠/秒。小的这只船从尖处往前拽的效率是运 3.527 铁珠 / 秒，从宽面往前拽是运 3.745 铁珠 / 秒。所以通过这个数据来看，最小的船的设计是不对的。这 3 只船上的积木质量是一样的。最大的船底面积最大，所以吃水深度是最浅的。会不会因为吃水深度最浅导致获得的阻力最小？然后再加上设计结构等原因，我觉得可以再试试。我并不觉得承重最大的效率最高。

四、活动评价

学生通过独立思考和小组讨论，能够形成自己的想法；在表达自己想法的时候，能够边想边补充或完善自己的想法；能够认真倾听其他同学的想法，并且借鉴别人的想法，构建更好的想法。

活动的本身能够让学生意识到，在科学探究中剥离各个因素的困难。通过教师的引导和学生的深入讨论，学生能够设计实验来控制变量进行探究。

在乐高积木相同的情况下，牺牲高度，增加底面积，可以增大体积这个发现，对学生来说并不是想当然的。学生只有做出了模型，才能意识到这一点。用数学证明这一观点，对学生来说也是具有挑战的。但在这个过程中，学生理解了理想化模型在用数学解决问题时的重要性。

学生在设计和制作船的模型，以及放到水里进行实验时，会发现各种技术问题。比如，怎样密封船？怎样装货物？什么样的船容易翻？怎样能够水平拉动船？怎样能够在拉动船快速运动的时候不让船里进水？大多数情况下，学生都可以自己创造性地解决这些问题。

让学生兼顾船的承重和速度的快慢来设计一个挑战，对学生来说挑战很艰巨。他们需要进行长时间的深入思考和讨论，才能不断发展自己的想法。在这个过程中，教师通过提出问题让学生比较不同的想法，形成思想的交锋，对学生思想的发展起着重要的作用。

这个活动能够有效地帮助学生理解工程、科学、数学和技术在解决实际问题时是怎样相互转换并融合在一起的。

第 2 章　设计一个美丽的下落

活动设计开发人员：刘春华、沈洋、李维、刘燕

设计单位：天津师范大学、天津市河西区平山道小学

指导老师：李维、刘春华

适用年级：小学、初中或高中（教学的重难点可根据教学段调整）

一、活动主题

假设你的朋友要过生日了，你想给他一个惊喜，于是你想设计一个美丽的下落作为礼物送给他。

二、活动目标

让学生了解怎样用工程和数学来设计科学实验，用技术的手段来观察实验，用科学探索来发现物体运动的规律，利用科学探索得出的结论、工程设计和艺术进行美丽的物体下落的设计；为学生提供机会体会科学、数学、工程、技术和艺术之间的联系。

注：在这个系列活动中，学生们不仅能够了解自由落体运动的规律，而且能了解在空气阻力和重力共同作用下物体下落的规律。

（一）怎样用工程和数学来设计科学实验

（1）了解设计科学实验是科学探索的重要组成部分。

（2）了解设计科学实验也是一个工程问题。

（3）掌握怎样用工程概念和数学方法来设计科学实验。

（二）怎样用技术的手段来观察实验

（1）了解观察实验可以有多种方法。

（2）学会创造性地使用生活中常用的技术来观察实验。

（3）学会使用手机上的照相和录像功能来观察和分析物体运动的规律。

（三）怎样用科学探索来发现物体运动的规律

（1）体会怎样把物体的不同属性剥离出来。

（2）通过控制变量来探索物体某一个属性对其运动规律的影响。

（3）了解怎样通过设计实验来观察物体运动的规律。

（4）掌握怎样记录实验现象，以及分析物体运动的规律。

（四）怎样利用科学探索得出的结论、工程设计和艺术来设计一个美丽的下落

（1）了解要解决一个工程问题，需要对相关的科学现象进行探索。

（2）掌握怎样把科学探索得出的结论充分地利用到工程设计上。

（3）了解科学和艺术之间的关系。

三、教具

各种形状不同、大小不同、材料不同的物体，如手机、签字笔、马克笔、铅笔、尺、记录本等。

四、学生学情分析

建议选择五年级学生来完成，原因是他们能够操控手机，但对速度、加速度了解不多，会比较数据的大小，能运用图表展示和分析数据，少数同学会用图像展示简单的数据关系。

五、活动过程及反思

第1节：探索物体下落的规律

（一）教学过程

1. 问题导入

假设你有一个最好的朋友马上要过生日了。你想给他一个特别的生日礼物。冥思苦想后，你决定设计一个美丽的下落。当他走进房间的时候，给他一个惊喜。

2. 聚焦问题

要想设计一个你想要的下落，首先需要了解物体下落的规律。

请你先说说生活中的物体是怎样下落的？请你解释它们为什么会这样下落。请学生根据自己的生活经验进行回答。

下面是教师与学生进行的讨论。

师：刚才同学在描述物体下落过程中提到了物体会摆来摆去或是垂直下落。这是物体运动的方向。物体下落时还有其他特点吗？除了方向，还有其他属性可以用来描述物体的运动吗？

师：物体在运动时它的快慢会发生改变吗？会有哪些情况呢？你能举一个生活中的例子吗？

生：会，比如速度不变、越来越快、越来越慢。

（板书：速度不变、越来越快、越来越慢）

师：怎么知道一个物体的运动是越来越快还是越来越慢呢？

生：相同时间看路程，相同路程看时间。

（板书：比较运动变化的方法：相同时间看路程，相同路程看时间）

师：物体下落过程中的运动属于我们黑板上的哪种情况呢？

学生有不同观点。有的学生认为下落过程物体运动速度会越来越快，有的学生认为下落时速度不变，有的学生认为会下落一段时间后变为速度稳定不变了，还有人认为会越来越慢。

师：我们怎么证明自己的观点对不对呢？

学生：做实验。

接下来学生们在小组内讨论验证物体下落过程运动变化的方案，并画出实验的简图；各小组汇报方案，其他小组对方案的可行性进行评价；回到小组内修订设计方案；根据设计方案实施实验；然后将收集的数据进行处理，小组内讨论数据的可靠性，通过分析得出结论。

3. 总结拓展

各组将得到的结论进行汇报。

学生总结：物体下落过程中运动的快慢仅凭肉眼观察不能得到准确的判断。相同路程看时间或相同时间看路程的方法不能用秒表计时的方法进行实验，因为物体下落太快，完成运动的时间太短，操作误差过大。

（二）教学反思

在这样一个项目中，要从问题出发，把孩子带入学习场景，然后进行相关探索，观察现象、学习概念、动手操作。同年级的孩子对速度的认知参差不齐，有的孩子知道加速度，而有的孩子对于速度如何用数学方法处理理解得比较慢。教师在课程中给学生提供大量的表达和交流的机会，比如有的孩子知道加速度这个词，但是让他解释的时候，他就说不清了。有的孩子不理解什么是“相同时间的情况下，比较路程”，可以让其他学生给她举几个生活中的例子，把这个难点突破了。

给教师的建议 1：学生在讨论物体是怎样下落的过程中，可能会是定性地描述物体的运动。请老师鼓励学生表达他们的想法，认真理解学生的想法，并让学生解释他们为什么认为物体会这样下落。鼓励学生联想他们生活中见到的一些现象，这有利于学生对要研究的内容不产生排斥感，激发他们继续研究的兴趣。做完实验，把学生集中在一起。每一组同学描述他们检验的是什么物体的下落，发现的规律是什么。然后演示给大家看，给大家解释为什么物体会这样下落，由其他同学判断这个小组的描述和解释是否合理，并提出不同的意见。在教学过程中我们要重视小组互评、自评。互评、自评的过程有助于学生修正实验、完善实验，帮助学生形成工程思维。只有充分讨论之后再让学生们再次动手做实验，才能更好地通过实验让学生理解科学概念。教师可以在课堂中穿针引线地组织学生们交流讨论。

给教师的建议 2：教师可以事先准备好不同材料的小球、不同大小的皮球，甚至不同形状的物体。准备的材料一定要充分，因为学生有了一些想法后需要用实验证明，如有因为准备材料不足可能会让学生的想法不足以用实验验证。

第2节：怎样更精确地描述物体的运动？

（一）教学过程

1. 回顾

教师：上一节课我们探索了物体下落的规律，进而讨论了判断物体运动规律的方法。谁还记得我们是怎么讨论的？（老师引导学生们回忆怎样判断物体运动的快和慢）

学生：在相同的时间内下落的距离长的速度更快，或者高度相同下落时间短的更快。

2. 聚焦问题

教师：上一节课我们还对下落的物体的速度进行了观察，有的同学说物体下落的速度越来越快，有的同学说物体下落的速度是不变的。我们怎么知道谁的说法是对的呢？我们应该怎样用实验来证明呢？

教师：由于物体下落的速度太快，我们不能仅凭肉眼判断速度变化，我们发现秒表计时的时候，人很难用手、眼、脑进行很好的配合，引起的误差太大了。我们能不能够借助其他工具解决这一问题？

学生：可以借助手机的连拍功能。

教师：连拍技术拍摄每两张照片的时间间隔有什么特点？为什么这个连拍功能可以帮助我们更准确地观察和分析物体的运动呢？（如果学生说不上来，让他们自己用连拍功能拍几张照片试一试）

学生：连拍的每张照片之间的时间间隔是相同的。

3. 改进实验

教师：想一想怎么能够利用连拍技术的时间间隔相同来判断物体下落的快慢，如何能改进实验来测量物体下落的距离和时间。

学生：测量连拍的时候每张连拍照片下落的距离。

教师：如需测量距离，用什么材料做大尺子合适？应该怎样放置？

学生：尺子竖直放在墙上。

教师：我们目前没有量程较长的尺子，能不能制作一个？

学生：可以在墙上贴上纸，自己画一个尺子。

教师：各小组设计好实验之后分组制作尺子。

（学生分组做物体下落的实验并拍摄照片）

第3节：怎样分析测量结果？

（一）教学过程

1. 聚焦问题

教师：从这些照片中我们能得出什么结论？

学生：通过照片中球在墙尺的位置可以看出每隔相同的距离球的位置在哪里。

2. 分析数据

教师：物体运动的快慢是跟位置有关还是跟位置的变化有关？

学生：应该是和位置变化有关。

教师：在图片上位置的变化应该怎样进行分析和比较？怎样用一个数学表达来表示物体运动的快慢？是用加法、减法、乘法还是除法？

学生：应该把每一次的照片中的小球走过的距离通过墙尺用减法计算出来。

教师：每一张都需要计算吗？还是哪些张照片的数据要舍弃？

学生一：从小球开始变化的地方作为起点进行计算。

学生二：小球落地前的一张不能计算在内。因为最后一张有可能是弹跳起来后的，而不是下落的。

小组内通过计算每张照片中小球下落的墙尺位置与上一张的位置差距，得出物体下落过程中的精确运动变化。

各小组汇报数据处理结果并得出实验结论。

3. 总结归纳

学生谈收获和感受。

教师总结：墙尺、连拍、数据信息处理对于得出精确的实验结论都是必不可少的。

图 2-1 至图 2-4 是这节课学生活动过程的照片。

图 2-1 学生分组，用手机的拍照功能记录物体的下落过程。

图 2-2 学生在讨论相同路程中物体运动的情况。

图 2-3　教师在全班讨论过程中用画图的方法可更好地突破难点。

图 2-4　学生在将手机中连拍的数据转化为图表数据。

（二）教学反思

在整个七课时的教学中，这节课是难点最多的一节课，难点的突破既需要教师处理好教学中的细节，也需要把学生真正作为教学主体，有效地引导学生在探索中深度思考。在这一系列活动中，学生始终沉浸在探索的兴奋之中，既学到了科学思维，又掌握了科学、数学的相关知识，也学着将现代电子设备中的技术应用到适合的地方。

给教师的建议 1：首先让学生回忆上一节课的通过“相同时间比较路程”或者是“相同路程比较时间”可以比较出物体的运动变化的方法，因为本身对于学生来说这就是没有学习过的知识点。在上一节课理解了知识点，不一定这节课还能记着，所以为学生留有充分的回忆时间，可以在后面帮助学生理解连拍技术是怎样帮助我们记录数据的，以及理解连拍的数据应该如何应用。

给教师的建议 2：对于连拍技术，学生之前有可能没有使用过，连拍的原理可能并不清楚，我们不必直接告诉学生连拍的特点，可以让学生在实践中去发现，更能增强学生使用连拍技术的兴趣，也能激发学生在生活中去发现探索的乐趣。

给教师的建议 3：学生在最初设计实验时，能想到的是相同距离测量物体下落所用的时间。基本上学生能想到的是在墙上刻画两份等高的痕迹或者以桌子到地面的高度为一份，从桌子面向上量取桌子自身的高度。学生最初的想法是用手机上的秒表测量物体在相同路程上所用的时间。学生在三次测量中数据差距较大，他们自己就会讨论出实验的方案需要调整。在学生设计实验时要鼓励他们将设计思路以画图的形式表示出来，学生们会逐步发现画出设计图可以更好地和他人交流，可以更快地让别人了解自己的想法。

给教师的建议 4：在制作墙尺之前作为教师需要引导学生讨论设计一个什么样的墙尺，也就是墙尺的量程，墙尺的最小分度值。学生平时在学习中经常使用墙尺，但是在课上设计一个墙尺需要考虑时间有限，考虑因实验的需求用什么单位来设计墙尺。精确到一毫米？一厘米？一分米？一米？教师在这里需要引导学生思考，让学生讨论怎样用已有的小尺子来标定大的尺子上的刻度。学生们会从用球的大小和下落速度较快来考虑，这样就将数学中的数感迁移到课程中来了。无论学生在讨论中打算如何设计制作，教师都不要去评价他们的方案，要让学生在实际操作中自我修正。在学生操作时，有的小组的学生看到别的组用一分米做分度值比用一厘米制作的快而且节省时间就会进行调整；也有的组为了节约时间在小组合作时出现了从两端制作的情况，教师不需要中途打断，教师需要让学生有自我纠错的过程。实际上这也是一种工程思维的建立过程。

给教师的建议 5：要鼓励学生自己设计测量方案，然后建议学生用手机可以连续拍照测量物体下落的距离和时间，但是如果学生有他们的方案，则鼓励学生尝试多个方案。

在进行数据分析时，教师先提问“从这些照片中我们能知道些什么”？先看学生们自己怎么说。然后教师再通过提问“时间是怎样测量的”让学生进一步讨论。有的学生可能会发现，连拍的照片的时间间隔是相同的，所以物体位置的变化是在相同时间间隔内发生的。以此来判断物体的下落是越来越慢或越来越快，还是以相同的速度。如果学生自己提出速度这个词，要让学生们解释并讨论速度是什么意思，可以帮助学生更好地理解应该如何处理数据。并且要鼓励学生们用图表比较数据大小变化的方式总结实验结果，找出下落中速度变化的规律。

第4节：探索多个相同物体同时下落

（一）教学过程

1. 问题聚焦

教师：多个相同物体同时下落是不是会产生更多的美的形式？请在记录纸上设计一下你们感兴趣的多物体下落。

2. 探讨分析

教师：很多同学在设计下落过程时都用到了多物体组合在一起的场面。你们的设计中也运用了不同物体下落速度不同的原理，那么两个物体下落会有哪些情况？

学生一：两物体可以是相同起点一个匀速下落，一个越来越快。

学生二：可以是类似于我们数学中的追击问题。

学生三：可以是不同高度以一样的速度下落。

教师：你们能说一说出现这些情况的原因吗？

教师请学生们逐一分析这些情况出现的原因，并检验学生的每一个想法，然后让学生预测一组多物体会怎样下落，组织学生们讨论为什么他们认为会这样下落。

3. 实验验证

让学生先用眼睛观察，然后用手机观察两个相同物体不同情况的下落。

每组准备不同的材料：篮球、海洋球、气球、羽毛从相同高度下落和从不同高度下落（图 2-5）。

图 2-5　学生在比较气球和皮球下落过程中的不同。

实验后，组织学生分析每组出现的不同现象的原因。

4. 归纳总结

组织学生分析什么样的下落最美。物体运动越复杂越美，还是有一定的规律最美；是变量越多越美，还是只有一个变量最美。对于测量用的墙尺有的学生自己进行了改进，不再用手中的小尺画墙尺，而是直接用等大的 A4 纸对折后的大小作为标准，这样可以快速制作墙尺。

（二）教学反思

课题导入的时候要先强调我们课程的最终目标，这样可以使课程进行得更为流畅。一旦脱离整个活动的主题，学生将不容易展开想象。

学生设计多种物体下落的画面的时候，会设计五花八门的多物体下落。教师要引导学生先从单变量的两个物体下落讨论起，归纳成两两物体下落的相对运动关系，例如不同高度同时释放，差距减小（追击问题）；相同高度同时释放，差距不变；相同高度同时释放，差距增大等不同的情况。然后再讨论学生们其他的较为复杂的设计，要让学生充分讨论。学生会发现密度大的物体下落的速度较快，对追击或不同高度不同时落下的变化不易用肉眼观察，而羽毛、气球等物体下落的过程比较不稳定、不易控制方向，但是下落的速度相对较慢。通过讨论学生们觉得可以通过增加重物对气球进行牵引，让气球适当地增加下落的速度及稳定性。

给老师的建议：在分析多物体下落的过程中，刚开始学生没有什么头绪，教师要引导学生考虑控制变量。在整节课中如果教师在学生做两个物体下落的分组实验时给的时间不够充足，就会使得学生不能充分地理解两个物体的相对运动关系，在后面的课程中会出现设计整体活动中的障碍。所以在 STEM 教育的课程中，学生的认知要通过学生的动手操作、数据的分析、理论的构建和科学争论来发展。哪一部分实施得不充分，都会影响学生掌握知识的进展。

第5节：探索几个物体结合的下落

（一）教学过程

1. 问题聚焦

教师：上一节课我们在设计多物体下落的过程中发现有一些物体在下落时出现了不稳定的现象，你们觉得这种不稳定的情况有利于我们设计的美丽下落的画面吗？

学生：不利于我们的设计进行展示，比如：我们在之前用气球做实验时，有的时候它向左边飘，有的时候它向右边飘，飘动的方向是随意的，如果我们设计的方向是向下的就会影响展示效果。

2. 观察探究

教师准备羽毛、单张面巾纸、气球、塑料袋，并将每一种材料用不同的方式下落。

学生分析并讨论每一种物体下落可能产生的现象。

3. 实验验证

教师提出：为了能增强气球或者塑料袋下落的稳定性，你们有什么办法？

学生们小组讨论并设计实验验证他们的猜测，各小组汇报实验方案、集体讨论方案的可行性，各小组根据设计方案进行实验。

4. 拓展延伸

教师：除了用增加重物的方法还能用什么方法增加物体下落的稳定性呢？请举例并说明。

每个同学根据今天学的内容画一个能稳定下落的物体的设计图，并做一个实物。要求在课前自己先试着根据物体的下落情况进行修改。

（二）教学反思

由于前面的活动占据的时间比较长，导致后面学生分组实验的时间比较紧，学生只是用一种材料做了实验，比如有的组在气球的下端用细线系上了橡皮、笔帽等物品，有的小组用胶带在气球上粘贴了曲别针等，但是基本上实验都较为成功。

最后的拓展环节较为顺利，学生通过联想生活中的飞机、降落伞、竹蜻蜓等生活中的物体分析了如何增加物体下落的稳定性的问题。

给教师的建议：这节课中观察不同物体下落的环节是在上课开始时为了帮助学生理解空气阻力、物体重心不在几何中心对物体下落过程的影响而临时设计。以气球为例，在演示过程中教师用手让气球以吹口在上、下、左等不同方位分别下落，先让学生猜测物体会怎样下落，让学生先有猜测，再让学生做充分观察，让学生产生认知冲突，激发学生探究的欲望和好奇心。学生发现吹口在下气球会直接下落，但是不稳定（会飘）；吹口在上或在左松手后会先翻转为吹口在下，摆荡后再下落，但也不稳定。这一演示过程让学生更充分地认识了同一物体下落的现象可能会不同，通过充分讨论使学生认识到重心对物体下落的影响。对于轻薄的面巾纸，可将三层的面巾纸揭开一张，分别平拿一条边、立拿一条边、立拿一个角下落，同样也是想让学生猜测面巾纸会怎样下落，再让学生观察，通过演示实验学生发现平拿松手的一瞬间面巾纸下落的是很稳定的，但是一两秒后就会变为卷状或变得极为不稳地随意下落。通过讨论，学生认识到空气阻力对物体下落也产生了极大的影响。羽毛和塑料袋也是用各种不同的方式下落，先让学生预测，再演示实验。这一部分的充分预测、实验、讨论激发了学生研究的欲望。几乎每个学生都完成了课后设计方案和实物制作的任务，为后续课程的开展打下了良好的基础。

第6节：展示、讨论稳定的下落物体

（一）教学过程

1. 展示与讨论

组织各小组的同学展示自己的设计图、讲解设计思路、演示设计实物的下落过程。

教师组织每一个同学展示后，先自评，再同学之间互评。

2. 拓展延伸

教师组织学生讨论多个物体下落怎样才更美。

请每位同学根据今天讨论的修改建议完善自己的实物作品。请每个小组进一步设计一个美丽的下落。

（二）课后反思

可以说这节课是整个课程中最精彩的一节课。每个孩子都是完全参与整节课程，充分体现了学生的主体地位。4 个小组共 13 个学生，其中 10 个学生制作了实物，进行了讲解并展示。9 个学生对设计 3 进行 2~3 次改进。其中制作三代实物的学生将三代实物进行了展示，并讲解了为什么要改进，改进后的效果：一代实物是模拟降落伞，但是伞面较小。为了美观，他用了彩色粗线捆绑重物使得物体自身较重，下落的速度较快，虽然稳定，但是感觉不美。二代实物的伞面面积是一代的 9 倍，伞面的材料替换为更轻薄的塑料薄膜，将捆绑重物的彩色粗线替换成了细线，但是捆绑的重物较重依然感觉下落较快。三代实物是在二代实物的基础上更换了较轻的重物。

有个学生将一个气垫膜对折后用曲别针控制气垫膜打开的角度。他为同学演示时，一边操作一边讲解打开角度太大气垫膜受到的阻力大，下落虽然速度慢但是极为不稳定；打开角度小的下落稳定，但是速度太快没有美感。其他同学为他的设计感到震惊，无论是从选择的材料还是设计的原理都是极具创造性的。有个学生用保鲜袋作为设计的主体，在袋口分别别上曲别针控制物体的重心，在别曲别针的时候不好别，他就在袋口粘了一圈透明胶。充分体现了 STEM 教育中的工程思维，遇到问题通过思考解决问题，实现了工程设计的闭环。有个学生用 4 个一样大的不同颜色的气球系上相同长度的较长的线，用 4 根细线分别系在同一个重物上，展示的时候，请一个同学协助将 4 个气球拉成水平状同时松手。其他同学觉得他呈现的下落过程不同于其他同学的只有竖直方向上的变化，这个下落过程很特别，但是也有一点点不完美就是四个气球聚集到一起后产生了碰撞而导致重物产生摆动。学生们充分讨论后，给出的改进建议是：可能是 4 个气球的颜色不同而材料的薄厚不同，导致被聚集到一起的时间有先后而导致互相碰撞，或者是等长的 4 根绳子在系的时候有的长有的短产生了误差。有的学生用一张纸制作了风车，让风车面冲下下落，他分别制作了两个风车，一个是厚纸大风车，另一个是薄纸小风车。在讨论两个风车的下落速度和稳定性受什么影响时，学生们通过讨论发现他的两个风车没有平行对比，也就是没有控制单一变量。整节课的讨论气氛非常浓烈，而且内容丰富，效率高。每一个学生展示时，其他学生都在认真聆听设计理念，观看演示后，及时给予中肯的评价，并提出完善的建议。

在课程的讨论中有的同学提到了氢气球原理、热气球原理，以及充氢气的气球为什么不再使用。教师通过自身的科普知识予以解答可使课程顺利进行。这说明实施 STEM 教育课程的教师需要具备较广泛的科学知识。

给教师的建议：在这节课中教师完全可以像谈话类节目一样，把讲台交给学生，但是还必须组织学生倾听每个小组的设计理念，讨论设计中还需完善的地方，这样有利于活动有序、高效地推进。而且上课地点可以选择一个开阔的地方，没有了教室座椅的限制，学生可以更好地展示，而且从心理上也是很放松的，可以尽情地畅所欲言（图 2-6 和图 2-7）。

图 2-6　对比三代不同降落伞的下落效果。

图 2-7　对比两组设计理念相似的作品的下落。

第7节：各小组制作、展示一个美丽的下落

（一）教学过程

1. 展示设计理念

教师让学生们分组展示他们设计的“一个美丽的下落”设计图，并讲解设计理念。教师让各组学生讲解：物体下落的速度是怎样控制的？怎样搭配不同的物体？什么样的下落更美？他们预期要达到什么样的效果？

其他小组的同学对设计中不明白的地方提问，展示组的学生给予解释，然后其他组再提出改进的建议。

2. 动手制作

各小组根据设计完成一个美丽的下落的制作。

3. 展示、讨论

各小组分别展示自己制作的“美丽的下落”，讲述自己小组遇到的困难，以及解决的方法。

各小组展开自评、互评。

4. 交流反思

组织每个学生说一说经历这连续几节课的活动的感受和收获，主要从知识、能力、情感这三个方面来讲述。

图 2-8 是各组同学的设计图的照片。图 2-9 至图 2-14 是学生讨论、制作和展示的照片。

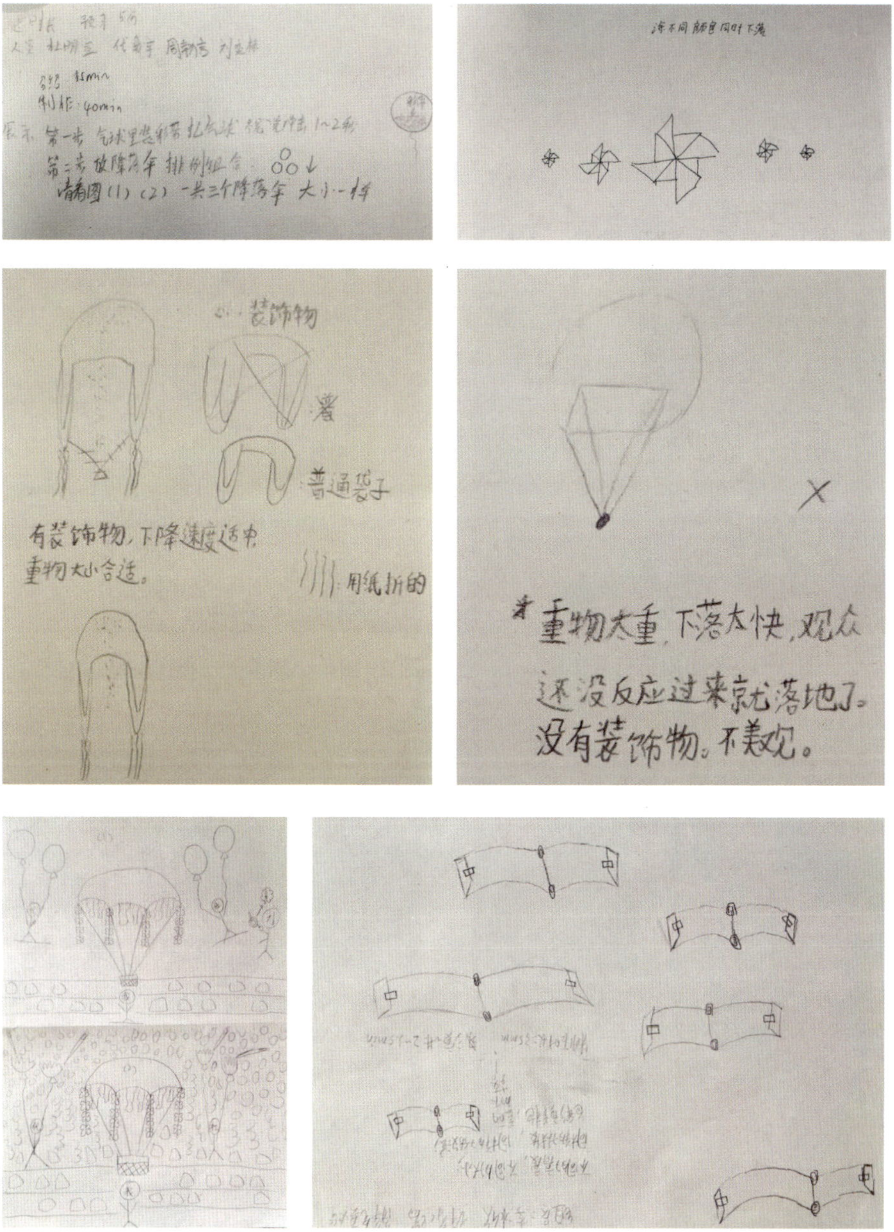
装饰物
普通袋子
有装饰物，下降速度适中
重物大小合适。
用纸折的
重物太重，下落太快，观众
还没反应过来就落地了。
没有装饰物，不美观。

图 2-8　学生的设计图。

图 2-9　小组内进行分工。

图 2-10　小插曲——作品的线完全绕在一起了。

图 2-11　学生正在连接小饰品。

图 2-12　用彩纸折叠下落物体。

图 2-13　展示前测试。

图 2-14　展示完美的下落。

（二）教学反思

可以说这是一节失败的好课，因为在课程中有很多地方想得不够细致，教师把课程放得太开了，导致学生在交流、反思的时候一度有教师被牵着走的情况，教师没有给予及时引导。但是在课程中，尤其是学生制作的环节，教师给予了学生足够的试错时间，让学生有充分的时间调整。学生在整个活动中都是课程的主体，思维高度活跃，从制作到展示到交流每个学生都是围绕主题进行思考。在每个小组展示设计的环节中，各小组同学都会对设计的作品进行可能出现问题的提问，帮助完善设计，当然有的学生也会据理力争地指出别组设计中的缺点，以此突出自己作品的优势。从某种程度上讲有些像项目招标会，教师要教会学生交流、讨论，而不是争吵。这再次体现了教师组织教学、引导学生活动的能力。教学中的评价能及时地调整上课的状态，比如有的学生在制作美丽下落时是比较慢的，教师可以表扬完成快的组以激励落后的组。在学生讨论哪个组的下落更为美丽时，出现了两个小组互不服气、互相找碴儿的情况，教师要对激烈的讨论给予肯定，对无理的吵闹给予否定，我们要有效地、高效地组织教学，什么时候收、什么时候放要心中有数。教师在上这节课的时候有很多把握不准的地方，如对美的界定，认为“美”是从艺术方面来看，但是缺少了数学、物理两个层次对学生的引导，物理中的速度的变化、数学中的对称性，教师没有对学生加以引导。另外在学生的制作展示过程中用了很多的金粉，孩子们想体现闪亮的感觉，在展示阶段由于金粉的颗粒太小，并没有闪亮的效果，反而出现了展示过后难以打扫卫生的情况。在这方面教师没有抓住环保理念的教育点。

给教师的建议：对于学生的自评、相互评价，可以让他们在设计制作之前全班设定一个统一的评价表格。这样可以量化学生的设计、制作、反思等环节的评价。为了能更为规范地进行互动，教师可以在 8 课时的活动中为学生制订一个 8 课时活动记录单，学生要记录的内容不仅仅是设计的实验图、测量数据，还可以把课堂中的困惑、对自己的评价、实验中的想法、量化的评价分门别类地记录下来。这样可以让学生更为清楚地知道自己要干什么，哪里还有不足。

（三）活动评价

通过观察沈老师对 STEM 教育活动的尝试，我们发现“设计一个美丽下落”的活动适合小学高年级学生。下面是对这次尝试的具体评价。

（1）学生能够清楚地表达自己的想法，并用已有的经验或实验证据来支持他们的结论；学生能够认真倾听其他同学的想法，比较不同的想法的相似和不同之处，发现并提出某一想法中矛盾的地方。

（2）学生能够自己想出怎样结合位置的变化和时间的变化来判断物体运动的快慢；正确解释测量结果，并根据自己的观察提出物体运动的规律。

（3）学生能够创造性地设计多物体的下落，能够通过实验检验并清晰地描述出多物体下落的规律。在设计时，考虑物体下落的稳定性和快慢程度对下落的美感的影响。学生对美的理解更多地侧重在物体的颜色、多物体组成的形状，虽然有的组的同学试图设计多物体在运动过程中组成的形状的动态变化。但是由于物体下落的速度比较快，下落的高度不够高，又没能使用慢动作进行拍摄和观看，所以效果不明显。

（4）教师在活动中能够随机应变，根据学生的兴趣和理解能力调整活动的走向；给学生机会自己预测现象、设计实验、修改实验、记录并分析数据，根据数据形成结论。

（5）教师通过实践意识到给学生机会犯错误、自己纠正错误、改进验证方法的重要性，并通过观察学生的活动，对这个年龄的学生的科学探究和工程设计的能力越来越有信心。

（6）活动最后收尾有些仓促。在学生展示他们设计的美丽的下落时，如果老师能把每组物体下落的过程拍摄下来，然后让学生们认真观看和分析，学生就有机会对他们发现的运动规律在工程设计中的应用有更好的理解，并且更好地理解科学与艺术之间的关系。

第3章　基于无土栽培的科技综合实践活动设计

活动设计开发人员：赵立群

设计单位：天津经济技术开发区国际学校

指导教师：天津大学 那一沙

适用年级：6~8 年级

一、课程设计理念与目标

（一）课程起源

2000 年 11 月 16 日，科技部、教育部、中宣部、中国科协、共青团中央联合印发了《2001—2005 年中国青少年科学技术普及活动指导纲要》的通知，要求根据 3~18 岁青少年生理和心理发育特征，以及接受教育的程度，从科学态度、科学知识和技能、科学方法、科学行为习惯等四方面开展科学技术普及活动，农业技术是其中的一项重要内容。

2001 年 4 月 9 日，教育部印发《普通高中“研究性学习”实施指南（试行）》（教基〔2001〕6 号）的通知，要求学生必须走出课堂、走出校门，积极地开展社会调查研究和实践活动，科技类综合实践活动是研究性学习的重要组成内容之一，也是课程开发的资源。

2001 年 5 月 29 日国务院发布《关于基础教育改革与发展的决定》，

要求中小学增设信息技术教育课和综合实践活动，中学设置选修课，普通高中要设置技术类课程。中小学都要积极开展科学技术普及活动。加强劳动教育，积极组织中小学生参加力所能及的社会公益劳动，培养学生热爱劳动、热爱劳动人民的情感，掌握一定的劳动技能。

2017 年 9 月，为充分发挥中小学综合实践活动课程的育人功能，教育部印发《中小学综合实践活动课程指导纲要》，综合实践活动是国家义务教育和普通高中课程方案规定的必修课程，是贯彻落实党的教育方针的重要举措，是提升学生综合素质的主要抓手，对于当前贯彻落实党的二十大精神、全面推进素质教育具有重要意义。

2020 年 7 月 9 日，教育部印发《大中小学劳动教育指导纲要（试行）》，总体目标是使学生树立正确的劳动观念、具有必备的劳动能力、培育积极的劳动精神、养成良好的劳动习惯和品质，准确把握社会主义建设者和接班人的劳动精神面貌、劳动价值取向和劳动技能水平的培养要求，全面提高学生劳动素养。

综合实践课程在实施的过程中，往往与多学科形成知识内容的关联或互动，而在众多综合实践活动课程资源中，与青少年科技活动相关的普适资源相对较少，融通学科教育与 STEM 课程设计的综合实践活动课程开发项目在天津市青少年科技中心与天津师范大学的合作中有计划地开展和实施，并形成了多个普适性科技类综合实践活动方案，科技类综合实践活动《现代农业中的无土栽培》方案设计是在天津师范大学 STEM 课程专家李维老师、天津大学课程专家那一沙老师的指导下完成的课程设计。

《教育部 2021 年工作要点》要求促进劳动教育常态化实施，推进大中小学劳动教育课程建设。《现代农业中的无土栽培》方案设计以《中小学综合实践活动课程指导纲要》为理论依托，结合天津市青少年综合实践活动（原青少年科技创意大赛）的科技竞赛项目，结合劳动教育，开展小学高年级段和初中段的课程设计。

在《现代农业中的无土栽培》方案设计实施的过程中，强化了课程设计的育人导向，从价值体认、责任担当、问题解决、创意物化四个方面设计课程目标，实施过程注重引导学生体认、践行社会主义核心价值观，热爱中国共产党，热爱祖国，热爱劳动，培养社会责任感、创新精神和实践能力；强化新型课程形态的建构，要求通过探究、服务、制作、体验等方式开展教育与学习，综合运用各学科知识分析、解决现实问题，尊重学生的自主选择与创造，真正让学生“活”起来、“做”出来，强化实施过程的具体指导。

（二）活动主题

拟定以“现代农业中的无土栽培”为课程设计主题，课程实践始于 2019 年 10 月，同时以公开示范课的形式在天津市全域科普主场——天津市第二十中学进行展示。2020 年，在疫情期间，项目组选择在天津开发区国际学校校本课程中实施，课程主题和部分内容不仅契合了 2020 年《开学第一课：节约粮食 杜绝浪费》的教育主旨，还从种植的根本上出发，让学生在实践中掌握种植的相关知识。

地球上的植物种类繁多、形态各异，通过《现代农业中的无土栽培》课程的学习，从身边的植物入手，发现植物生命的变化，探究植物生长的需求，学习神奇的栽培术，以多种观察方法、可行性生物实验、实践探究等为学习途径，体悟多种多样的植物。带领学生进入奇妙的植物世界，增强学生对植物探索的兴趣，从此深切地爱上大自然、节约食物，提升科技强国和农业强国的意识。

（三）设计原则

1. 设计面向全体青少年

《现代农业中的无土栽培》课程设计面向全体青少年，使每一名学生在其原有农业种植的认知上都能得到一定程度的发展，获得现代农业技术发展过程中所必需的科技知识。关注青少年的情感，注重自信、创新精神的培养，鼓励他们主动参与和大胆实践。

2. 实施结合基础与实践

《现代农业中的无土栽培》课程设计体现了基础性与实践性相结合的原则。在知识普及上选择对未来发展有广泛影响的科技知识、基本的种植方法，有利于青少年树立合作精神、社会责任感等。实践性要求通过实验设计、观察、试验、制作和相关操作性活动，加强对课程中的科技活动基础性内容的理解与掌握，同时了解科学、技术与社会之间的关系及其相互作用等。

将基础性和实践性相结合，使学生不但能掌握知识，而且能联系实际加以应用，不但有学习的主动性、积极性及学习方法上的改进，而且能培养对社会的责任感，对当代人类所面临的一些重大问题，特别是粮食问题产生探究的兴趣。

3. 注重创新意识和能力培养

《现代农业中的无土栽培》课程设计能促使学生认识到农业种植创新的意义、创新的思维和方法，最大限度地发掘自身的创造潜能。活动中在传授科技知识和培养种植技能的同时，更重要的还在于把握其中的科学思想、科学精神和科学方法。

实施的过程中应注意实证、逻辑推理和质疑精神的培养与引导，从青少年感兴趣的或比较熟悉的植物入手，为学生提供参与探索和研究的机会，让他们在这个过程中亲自去实践，去搜集证据，整理、加工和应用各种信息，去寻找解决问题的途径和方法，使他们在这个过程中锻炼科学思维，学习科学方法，培养科学态度，树立科学思想、观念、精神，全面提高他们的科学素质。

4. 注意学习的选择性

由于地区和条件的差异，以及青少年个体知识、能力基础、兴趣爱好的倾向等方面的差异，《现代农业中的无土栽培》课程设计地方化内容，以及进行的方式、方法都应该充分尊重其选择，内容既要有基本的规定，又要有所选择，使各地区的青少年都可以参加适宜的科技类综合实践活动及创新活动。

（四）课程目标

1. 学生发展目标

（1）价值体认。

1）通过亲历、参与《现代农业中的无土栽培》主题系列教育活动，获得关于农业方面劳动教育的有积极意义的价值体验。

2）了解无土栽培农业科学技术的发展、现代农业科学技术，知道无土栽培技术的基本概念和过程，掌握必要的知识和劳动技能。

3）培养自己作为有智慧的、勤劳的中国人的自豪感。

（2）责任担当。

1）围绕植物、栽培等主题开展劳动活动，培养创新精神和实践能力。

2）养成自理能力、自立精神、热爱劳动、热爱生活的态度，具有积极参与学校和社区劳动的意愿，培养自主意识和合作精神。

3）培养质疑和解决问题的能力。

（3）问题解决。

1）在教师的引导下，结合学校、家庭生活中的植物生长现象及种植方法和技巧，发现并提出自己感兴趣的问题。

2）体验种植技术课题研究的过程与方法，逐步养成科学的思维习惯。

3）将问题转化为研究小课题，提出自己的想法，形成对植物种植及无土栽培问题的初步解释。

（4）创意物化。

1）通过种植劳动实践，初步掌握简单无土栽培设备的设计与制作的基本技能。

2）运用常见、简单的信息技术解决实际问题，服务于农业生产。

3）逐步培养对农业科学技术的兴趣和爱好，引导学生对未来职业的发展规划，加强社会主义核心价值观的敬业教育。

2. 教师发展目标

（1）提升教师对主题式、任务式、项目式科技类综合实践活动课程的理解。

（2）提升教师就现代农业技术知识与综合实践活动教学的课程开发能力。

（3）加强在实际教学中开展节约粮食、种植技术的传播。

（4）加强教师在课程实施中的课程评价能力。

二、课程实施设计

（一）课程准备阶段

1. 确定授课教师

从事综合实践活动、科技活动辅导的教师，或进行师资组合，形成课程校本化团队。

2. 确定课程实施对象

（1）小学学生高年级段（4~6 年级）。

（2）初中学生。

3. 确定课程开设方式

课堂讲授、项目式教学（PBL）课程模式。

（三）课程前期准备

1. 教师

教师在《现代农业中的无土栽培》课程设计的地方化和校本化的过程中，需要先了解学情、拟订方案、明确课程目标、搜集并筛选相关课程资源。

2. 学生

进行知识搭建，在校学习相关内容，为后续课程开展进行知识储备。

（三）拟定课程内容

1．小学阶段课程设计内容（表 3-1）

表3-1　小学阶段课程设计内容

课程安排	具体内容
第 1 课时	身边的植物
第 2 课时	观察一株植物
第 3 课时	千奇百怪的植物家族
第 4 课时	植物是活的吗
第 5 课时	校园里的植物

（待续）

（续）

第 6 课时	植物发生了什么变化
第 7 课时	环境与生命
第 8 课时	种植我们的植物
第 9 课时	我们先看到了根
第 10 课时	植物身体的奥秘
第 11 课时	植物的需求
第 12 课时	神奇的栽培术——无土栽培
第 13 课时	体味植物

2. 初中阶段课程设计内容（表 3-2）

表3-2　初中阶段课程设计内容

课程安排	具体内容
第 1 课时	什么是无土栽培
第 2 课时	传统农业种植的局限
第 3 课时	无土栽培的优点
第 4 课时	认识韭菜与韭黄
第 5 课时	基质的选用及处理
第 6 课时	营养液的配置
第 7 课时	无土栽培设施的选择与建造
第 8 课时	韭黄无土栽培病虫害防治
第 9 课时	无土栽培的常见问题处理

三、小学课程实施阶段

第 1 课时　身边的植物

活动一：了解身边的植物

通过公园里多种多样的植物，创设植物情境，让学生举例说出植物的名字。学生通过阅读学生手册的知识角，了解杨树、柳树、松树、银杏树、狗尾草、黄花酢浆草、向日葵、蒲公英的基本特点，并能够区分它们。

活动二：观察与比较

基于前一活动对狗尾草与柳树的了解，准备实物柳树条和狗尾草，让学生观察它们的特征，同时完成两种植物的植物“档案”设计。为了更直观地展现两种植物的不同，选择韦恩图直观地进行统计概括。

活动三：认识李时珍

李时珍作为一位伟大的医药学家，为发展祖国的医药科学做出了伟大的贡献，通过视频了解李时珍的一生，引导学生谈一谈自己的感受，树立正确的中医观、科学观。

活动四：展示交流

狗尾草和柳树在许多方面都有不同，是因为千千万万的植物属于不同的种类，通过知识角让学生自学简单的植物分类，可以按植物茎的形态、植物的生态习性、植物的生活周期等进行分类，引导学生按照自己喜欢的科学分类方法给 8 种植物分类。

活动五：拓展与小结

总结本节课的所学，并给学生足够的提升空间，课后可以到生活的区域，与父母一起寻找更多植物做成标本，再进行分类。

第 2 课时 观察一株植物

活动一：观察植物的方法

植物多种多样、千差万别，掌握正确的方法和技巧去观察植物，是对植物学习的基础。引导学生思考，要观察一株植物，身体的哪些部位可以帮助我们呢？学生可以运用自己的感官对植物进行观察，比如眼睛、耳朵、手等。我们运用身体的不同器官，可以对应得到植物的哪些信息？比如眼睛可以观察植物的颜色，鼻子可以闻到植物的味道等。

木本植物一般都很高大，进行观察时需要让学生掌握观察植物的顺序，应由远及近、由整体到部分，有了这些方法，学生就能更好地了解植物的特征。

活动二：观察植物

学生运用科学的观察植物的方法，使用绘画的方式展现出来，可以选择描绘植物的整体结构，也可以选择自己感兴趣的植物的部分特点。教师引导学生在观察植物的过程中，运用不同的感官和观察方法。

活动三：制作植物标本

在学生手册的知识角部分，学习如何正确采集一个植物标本。进行小组合作，明确分工，教师分发使用工具，带领学生到校园中，小组合作采集一株植物，并制成标本，粘贴在学生手册的指定区域。

活动四：植物身体

仔细观察采集的植物标本，在学生手册上标注植物的各个部分的名称，知道开花植物一般是由根、茎、叶、花、果实、种子 6 个部分组成的。总结本节课的所学，并给学生足够的提升空间，课后可以进行亲子活动，观察常见植物，指出各组成部分的名称。

第 3 课时 千奇百怪的植物家族

活动一：千奇百怪的植物家族

我们的地球上生活着千奇百怪的植物，每位学生都有自己感兴趣的植物，在学生手册中的知识角部分，为学生准备了一场不一样的植物之旅，从常见的含羞草，到能够吃动物的捕蝇草、猪笼草、大王花，再到猴面包树、龙血树和千岁兰，运用电子设备和视频资料，让学生体会到植物世界的森罗万象。

活动二：创作自己的植物书

在实践的过程，鼓励学生主动获取想要的信息，尝试完成属于自己的《神奇的植物书》，引导学生带着对植物的探究乐趣在课后继续探寻地球上千奇百怪的植物。

第 4 课时 植物是活的吗

活动一：发现并提出问题

结合学生的认知规律、生活经验和已有的知识储备，引导学生思考如何区分事物，知道哪些是活的，哪些不是活的。通过阅读学生手册知识角的内容，学习如何区分生物与非生物，明确两者的本质区别就在于有无生命。

活动二：分析并解决问题

明确了生物与非生物的区别，引导学生思考如何设计一个小实验，证明植物是生物，是活的。可以从身边的植物变化现象出发，思考需要哪些实验材料，如何实施实验。通过观察到的现象，得出植物是活的的结论，将学生由课本知识应用到日常生活，学以致用。

活动三：制作小盆景

学生根据自己的生活经验，查询相关的信息，学习制作一个小盆景，并观察这个盆景，连续记录 3 周培养日志，观察其变化。长时间的观察一定能发现植物的变化，让学生对植物是有生命的这一印象更加深刻。

第 5 课时 校园里的植物

活动一：校园植物问卷调查

校园是大家再熟悉不过的地方了，校园里种植了很多的植物，在不同的季节它们会发生一些变化。引导学生留意校园里的植物，思考校园植物在我们日常生活中的重要性。结合已有的知识储备，盘点能够清楚辨认出的校园植物，完成校园植物问卷调查。

活动二：校园植物的作用

校园是师生生活的共同空间，绿色植物对于营造良好的学习环境氛围起着重要作用。请学生认真分析这些植物到底有哪些作用。学生自主学习知识角的内容，明确绿色植物对地球环境、对人类的重要作用。

活动三：校园探索之旅

基于知识铺垫，进行任务分工，开展小组合作，按照分工开始校园的探索之旅，完成校园植物调查表。参照前几课对植物的学习，将调查到的植物进行统计和简单整理。

第 6 课时 植物发生了什么变化

活动一：怎样观察植物的变化

春暖花开的季节，许多植物很快地进入生长期，发芽、长大、开花、结果。秋天里，校园里的植物发生了哪些变化？引导学生思考可以运用哪些感官观察植物的变化。

活动二：观察植物的变化

学习运用感官观察植物的方法，再去探究植物的哪些特征发生变化。尝试小组合作设计小实验，探究植物叶子的变化。思考使用的实验材料、实验方法，注意实验数据、实验结论的记录。还可以设计实验探究树干的变化、树冠的变化。

活动三：拓展

观察到了植物的一些变化，比如叶子的变化、树干的变化及树冠的变化。思考植物还有哪些部分也发生了变化，让学生在课后再去探索发现，并记录下来分享交流。

第 7 课时 环境与生命

活动一：我的生命不能没有你

生命是可贵的，健康是生命品质的基础，引导学生思考人类维持生命不能缺少哪些东西。仔细阅读学生手册的知识角部分，知道维持生命的三大要素，明确当今世界面临的十大环境问题，完成学生手册的填写。

活动二：植物对人类的作用

人类的食物直接来自粮食、蔬菜、水果等植物，和通过动物间接来自植物的肉、禽、蛋、奶等，有了这些，才保证了我们必需的营养物质和生活质量。因此，植物是人类赖以生存的基础。自主学习学生手册知识角部分，并填写完整学生活动手册。

活动三：拓展

假如没有了植物，我们的世界会变成什么样子呢？根据自己的认识，描述没有植物的世界可能的样子，写下自己的感想，在如此严峻的环境形势下，我们能为改善全球环境做些什么呢？引导学生思考一些力所能及的措施。

第8课时 种植植物

活动一：了解植物

在前面我们已经学习了植物的生长变化。学生思考一颗小小的种子是如何长大的，运用已学过的知识，还有自己的经验，给学生手册植物的生长排一下序，并交流一下这样分类的依据是什么。

活动二：种植植物

引导学生思考种植一株植物需要哪些材料，想想该如何悉心照顾它，如何记录下它的成长。学习学生手册的知识角，学习植物种植方法，小组分工合作，运用材料尝试种植一株植物，并及时记录植物的生长。

第9课时 我们先看到了根

活动一：我们先看到了根

在肥沃的土壤下面，总有一股神奇的力量让植物茁壮成长、屹立不倒。引导学生思考“它是谁？”与观察过根的学生开展交流，植物发生变化的同时，根是否也在变化呢？把根的变化记录或者画在学生手册上。

活动二：观察植物的根

为了进一步区别植物根的不同，我们可以近距离地观察它们的根，老师出示实物大葱和大豆，学生思考可以用哪些材料、哪几个步骤。

小组合作分工，仔细比较两者根的不同，并及时记录、比较结果。自主学习学生手册知识角植物的根，更准确地区别两者，实验结束后学生通过以小组分享交流心得。

活动三：植物根的作用

植物的根是植物不可或缺的结构，引导学生思考：植物的根有哪些作用。自主学习学生手册知识角植物的根的作用，并完善学生手册。

活动四：拓展

生活常识告诉我们，如果想让植物持续生长，就要不断地给植物根部浇水，水去哪里了呢？植物的根真的能吸水吗？学生在课后思考，并设计一个实验进行验证。

第 10 课时 植物身体的奥秘

活动一：我的植物

观察种植的植物是不是又发生变化了，它的叶子是不是增多了？它的茎是不是更长、更粗了？鼓励学生把观察到的植物发生的变化记录下来，引导学生通过多种方式记录，绘画的方式、文字的方式、视频的方式都可以。

活动二：植物的身体

引导学生清点平时经常吃的食物，思考食用的是植物的哪部分。植物给人类提供了很多的美味，思考：为什么说植物的各组成部分都不可或缺？植物的各部分又有什么作用呢？自主学习学生手册知识角植物各部分的作用，及时完成学生手册的填写。

活动三：植物身体的奥秘

学习茎对植物的作用是不可或缺的，是支持植物，同时给植物传递水分和营养的“器官”，引导学生了解植物叶子的作用、花的作用。在学习的过程中，结合自己的经验分享交流。

活动四：拓展——五彩花

我们平时见的花，每朵都是一种颜色，如果想让一朵花有两种不同的颜色应该怎么做呢？将白色花朵分别插入装有不同颜色的墨水中，仔细观察花瓣的颜色变化。引导学生用不同颜色的墨水，结合本节课学习的茎的作用来实现让一朵花有两种不同的颜色。

第 11 课时 植物的需求

活动一：植物的生长

植物的生长离不开我们的悉心照顾，引导学生思考：如果让植物茁壮成长，需要什么？自主学习学生手册知识角植物生长五要素，鼓励学生填写手册，明确植物生长所需的条件。

活动二：植物的需求

在上一个活动中，我们知道了植物生长的需求，引导学生设计一个小实验，证明植物生长需要阳光，学生可以参照课本中的实验装置进行再次创作设计，小组合作探讨所需要的材料、实验方法及可能的实验结果，证明植物需要阳光。植物的生长离不开水，但是仅为植物提供足够的水植物就可以正常生长吗？老师为学生提供所需要的材料，学生运用这些材料证明植物生长还需要什么。学生自主学习学生手册知识角的相关内容，为学生的进一步理解实验提供支持。

活动三：让我们的植物生长得更好

通过本节课的学习，学生明确了植物真正的需求，思考：如果想让植物生长得更加茂盛，还可以怎么做？学生在课后可以查阅相关信息，结合本节课的内容，为植物的生长提供更好的办法。

第 12 课时 神奇的栽培术——无土栽培

活动一：无土栽培知多少

土壤对植物的生长十分重要，但许多植物生长只要满足一定的条件，可以不使用土壤种植。自主学习学生手册知识角的相关内容，了解什么是无土栽培、谁发明的无土栽培。

教师协助学生解决学习过程中产生的疑惑，如为什么没有土壤植物也能生长？无土栽培的方法和优势有哪些？在学习的过程中，提醒及时完成学生手册相关内容的填写，巩固知识。

活动二：无土栽培的关键

无土栽培的方法多种多样，引导学生提出疑问。了解无土栽培技术的关键因素是营养液，它为植物的生长提供了 13 种不可或缺的营养元素。同时引导学生思考，是否每种植物的营养液都一样呢？完成学生手册相关内容的填写。

活动三：利用水培法种植一株植物

进行初级水培种植实验，利用水培法种植一株植物。教师为学生准备相应的材料、土栽、植物及营养液，学生动手完成将土栽植物转为水培，在学生手册中学习相应的步骤，小组合作进行操作，并及时记录在学生手册中。

活动四：拓展

经过一节课的学习，有很多收获。鼓励学生可以查询感兴趣的植物水培所需要的营养液配方，再去探索发现水培过程中遇到的问题，及时记录并分享交流。

第 13 课时 体味植物

活动一：温故知新

在前面一系列课程中，我们学习了很多有关植物的知识。引导学生记录下印象最深或者最感兴趣的部分，与同学们分享交流。

活动二：种植植物

回顾之前的课程，引导学生思考：如果让你再种植一株植物，会选择哪一种方法？为什么？学生跟着课程设计的步伐，一方面是对课程的全面巩固，另一方面是对知识的归纳总结。在学习的过程中，提醒学生及时完成学生手册相关内容的填写、知识的整理。

活动三：体味植物

学习是快乐的，而在植物的学习中也给我们带来了很多乐趣，在本系列第 2 课时中观察了一株植物，现在运用课程中所学的知识，再去观察那株植物，看看又有了哪些新的发现。自主学习学生手册知识角的相关内容，了解植物叶的分类和拓印的方法。在学习的过程中，及时完成学生手册相关内容的填写，并与第 2 课时的观察结果进行对比，相信定会发现学到了很多知识。

四、中学课程实施阶段

第 1 课时 什么是无土栽培

活动一：无土栽培的含义

自主学习学生手册知识角的相关内容，了解什么是无土栽培，无土栽培的理论基础是什么。学生在学习的过程中，要及时完成学生手册相关内容的填写，加强知识巩固。

活动二：无土栽培的类型

无土栽培的类型有很多，却没有统一的分类法。按是否使用基质及基质特点，可分为基质栽培和无基质栽培。自主学习学生手册知识角的相关内容，了解基质栽培有哪几类，无基质栽培有哪几类。在学习的过程中要提醒学生及时完成学生手册相关内容的填写。

活动三：科学分享会

如果学生想了解更多无土栽培的类型，那就需要课下查阅资料，与同学们分享所了解到的其他无土栽培类型。

第 2 课时 传统农业种植的局限

活动一：开土壤栽培交流会

组织学生观看土壤栽培植物的生长过程视频。请各小组分别介绍拟进行实践土壤栽培植物的过程，并说说从中是否有所发现。

活动二：认识土壤栽培缺点

传统的土壤栽培虽然是主流，但相较于无土栽培，有一些缺点难以克服。那么在土壤栽培植物的过程中有哪些缺点呢？请学生合作分组总结。

第 3 课时 无土栽培的优点

活动一：为什么选择无土栽培

通过课程学习，了解传统的土壤种植技术中难以克服的缺点，引入无土栽培。知道无土栽培只是改变了植物的栽培方式，并没有改变植物的生长习性。植物对光照、温度的需求没有发生改变。自主学习知识角中无土栽培的发展，完成活动手册相关内容的填写。

活动二：无土栽培的优点有哪些

通过学习知识角中无土栽培的发展，对无土栽培的优势有了更深刻的了解。引导学生以小组为单位，讨论无土栽培相较于传统栽培还有哪些优势，将讨论成果填写在活动手册上。

第 4 课时 认识韭菜与韭黄

活动一：了解韭菜、韭黄的生物学特性

学生自主学习活动手册内容，知道韭菜、韭黄主要包括根、茎、叶，以及韭菜的生长发育周期。根据韭黄的生物学特性，选择合适的条件来种植韭黄。

活动二：栽培韭黄

在栽培韭黄的时候，指导学生注意韭黄的栽培温度，思考：不同的器官对温度的适应能力相同吗？不同的生育期对温度的适应能力相同吗？如何做到遮蔽光照？

学生以小组合作的形式，进行韭黄的无土栽培可行性分析。

第 5 课时 基质的选用及处理

活动一：基质的种类及特性

基质是无土栽培的基础。自主阅读知识角内容，了解基质有哪些种类。引导学生思考这些不同的基质种类所适宜培养的植物有哪些，常用的基质有哪些，完成活动手册相关内容的填写。

活动二：基质的选用

无土栽培要求基质不但能为植物根系提供良好的根系环境，而且要为改善和提高管理措施提供方便条件。因此基质的选用非常重要。引导学生以小组合作的形式讨论基质的选用需要遵循哪些原则。

活动三：基质的消毒与更换

许多无土栽培基质在使用前可能含有一些病菌或者虫卵，在长期使用后，尤其是在连作的情况下，也会聚集病菌和虫卵，容易发生病虫害。因此，在大部分基质使用前，有必要对基质进行消毒，以消灭任何可能存留的病菌和虫卵。自主学习知识角内容，了解常用的基质消毒方法有哪些。

第 6 课时 营养液的配置

活动一：营养液的组成

学会自主学习知识角内容，总结营养液的组成原则有哪些，科学家用来确定营养液组成的理论依据有哪些。

营养液的组成直接影响植物对养分的吸收和成长。根据植物种类、水源、肥源、气候条件等具体情况，有针对性地确定和调整营养液的组成成分，更好地发挥营养液的使用功效。

活动二：配置营养液

进行营养液的配置实践，引导学生以小组为单位每组自主选择一种营养液进行配置，并分享在营养配置的过程中遇到哪些困难、如何解决。

活动三：营养液的管理

营养液的管理是无土栽培的关键技术，尤其在自动化、标准化程度较低的情况下，营养液的管理更重要。如果管理不当，则直接关系营养液的使用效果，进而影响植物生长发育的质量。

引导学生思考并交流在营养液的使用过程中，要关注营养液的哪些变化，注意对营养液做出哪些调整，并提醒学生将想到的填写在活动手册的相应位置。

第 7 课时 无土栽培设施的选择与建造

活动一：认识栽培床

栽培床是代替土地和土壤种植作物，具有固定根群和支撑植株的作用，同时要保证营养液和水分的供应，并为作物根系的生长创造优越的根际环境。

教师引导学生思考：如何选择栽培床？栽培床有哪些形式？在选择栽培床时应考虑哪些问题？并提醒学生及时完成学生手册相关内容的填写。

活动二：如何选择储液池

储液池是储存和供应营养液的容器，是为增强营养液的缓冲能力，为根系创造一个较稳定的生存环境而设计的。请同学们阅读知识角，总结储液池有哪几种功能。引导学生思考，我们在选择储液池时应注意哪些问题。

活动三：设计供液系统

供液系统是将储液池中的营养液输送到栽培床，以供作物需求。指导学生查阅资料，了解无土栽培的营养液供应方式有哪些。思考：不同的栽培形式在供液系统设计和安装上有哪些差异？进行活动总结。

活动四：搭建控制系统

控制系统是通过一定的调控装置，对营养液质量和供液进行检测和调控。通过阅读知识角了解在现代农业种植过程中采用的先进智能控制装置，总结智能控制系统的优点，边总结、边提醒学生完成活动手册相关内容的填写，记录要点。

第8课时 韭黄无土栽培病虫害防治

活动一：韭黄病虫害防治措施

思考如何对韭黄进行病虫害防治、常见的病虫害防治方法、防治病虫害的最佳时期等。提醒学生学完活动手册内容，可在小组讨论后完成。

活动二：韭黄的主要虫害防治

在韭黄的培养过程中，学生会遇到很多困难。韭黄生病时应该引导学生学会思考，如韭黄容易受到哪些病原的感染？这些病原的传播途径与发病条件是什么？以小组合作的形式，总结、分享韭黄种植过程中遇到的问题、病虫害的危害及防治措施等。

活动三：无土栽培设备提升

在考虑防治病虫害的前提下，根据上节课的无土栽培设备的设计，思考可以通过哪些设计改进途径进行解决？在解决的过程中，是否有更好的设计方案？在方案的选择时，重点考虑的因素是哪些？形成初步的提升方案，动手提升设计。

第9课时 无土栽培的常见问题处理

活动一：在反思中成长

通过前面一系列课程的学习，我们了解了无土栽培的相关知识，并进行了无土栽培设备的设计、韭黄无土栽培等实验。在这个过程中，你遇到了哪些问题？是如何处理这些问题的？提醒学生把系列课程的反思填写在活动手册中。

活动二：形成报告

能够对收集到的资料进行整理，写出简单的研究报告。能够简单、清晰地讲述此次实践活动的心得体会，鼓励学生利用讲解与实物相结合的方式进行展示，通过综合评价成果，激发学生热爱科学、热爱创新的精神。

五、教学实施意见

（一）教学内容组合

基于本课程的教学内容，可以与所在地区的地域风情，以及所在学校的办学特色相结合，以此围绕“绿色”主题，结合学生的知识能力、生活经验和兴趣爱好，提升教师的课堂驾驭能力，以此进一步落实教学内容，进一步确定重点教学内容。

努力让课程中的教学内容掀起学生的思维浪花，矫正和完善学生的性格，拓宽学生的视野，促进学习的可持续发展。

（二）教学组织形式

在保证教学实施的基础上，尽量为学生提供真实体验的机会，力求课堂的组织形式多姿多彩，倡导以学习小组为单位，以实践性、综合化沙龙式、研究为基本的教学形式，根据教学的内容合理匹配指导教师和教学媒体，灵活应变学习的组织结构和学习的场所，为达成教学目标创设优良的学习环境。

（三）教学时间管理

根据实际情况确定周课时量，以每周 1~2 课时为宜。教学时间的安排一般采用集中和分散两种方式，集中教学时间主要用来教学内容的讲解、学生的交流与展示、教师评价，分散的时间可以让学生独立思考，以拓展知识。

六、学习评价

教学评价是教学的重要内容，本课程的教学评价要依照这几个要素，即人文性与科学性相结合、教学内容与学科教学相结合、本地环境与异地环境相结合、知识能力与情感态度相结合、教学与动手实践相结合。

（一）激励性原则

开展激励性评价，呵护学生的自信心，充分调动学生学习的主动性和积极性，在授课过程中积极与学生互动，对参与讨论或者参与提问的学生给予奖励。

（二）多样性评价原则

以形成性和发展性评价为主，以总结性评价为辅。

（1）根据学生在活动中的表现情况、学习卡完成度、问卷调查的完成度、准备工作、作品设计、学习心得与总结等多个方面进行评价。对其优缺点、学习方法和态度、进步情况等进行多样性评价，关注学生的个别差异。

（2）在总结评价的基础上，引领学生进行深入思考和探究，尤其是要促进活动与校内学科课程的融合，促进校内教育和校外教育的协同配合，从而最大限度地促进学生们的学习和发展。

（三）评价目的

评价的目的为激发学生爱科学的兴趣、学科学的热情、用科学的信心，培养学生科学的探究精神和动手实践的能力。

七、教学设计样例

（一）认识韭菜与韭黄（表3-3）

表3-3　认识韭菜与韭黄

课题	认识韭菜与韭黄	授课人	赵立群
所属学科	综合实践活动	涉及学科	科学、生物、化学等
年级	七、八年级	课型	新课
内容简析	韭菜、韭黄都是生活中常见的蔬菜，很多人都曾经就两者是否为同一种植物而质疑，从生活中的小困惑出发，拟定生物科学类综合实践活动的主题为《我们一样吗》		

（待续）

表3-3　认识韭菜与韭黄（续）

学情分析	七、八年级学生对综合实践活动课程已经不陌生，七年级已经开设了生物课，因生物课与生活联系比较紧密，大多数学生比较感兴趣，课堂气氛会比较活跃。七年级生物课涉及的生物学术语和生物实验技能较多，教师的教和学生的学都重记忆、轻实验 学生已经储备了以下部分相关知识： 1. 生物与环境之间的关系 2. 显微镜的结构与作用，使用显微镜 3. 制作洋葱鳞片叶表皮临时玻片标本 4. 种子的结构，种子萌发的内部和外界条件 5. 各根尖部分的结构及主要功能 6. 绿色植物光合作用在产生淀粉的同时释放出氧气，二氧化碳和水是绿色植物光合作用的原料
教学目标	一、知识与技能 1. 举例说出科学探究的一般方法，并体验其过程 2. 学会简单设计生物实验假设 3. 学会实验设计的基本内容 二、过程与方法 1. 通过小组讨论，学会提出假设 2. 通过小组合作学习、分享，体验科技类实验设计的一般过程 三、情感、态度与价值观 1. 树立科学的世界观，重视养成教育 2. 培养良好的探究式学习习惯
教学重点	设置对照、控制单一变量
教学难点	实验设计过程

（待续）

表3-3　认识韭菜与韭黄（续）

突破重难点的方法手段	1. 小组合作、互学互助 2. 多媒体 3. “知识宝库”	
课前准备	媒体准备	课件、相关视频、实物投影
	器材准备	无菌琼脂培养皿、实验用镊子、塑料袋等
	材料准备	韭菜、韭黄、种子

教学过程如下。

表3-4　教学过程

<table>
<tr><th rowspan="2" colspan="2">教学环节</th><th colspan="2">教学活动</th><th rowspan="2">设计意图</th><th rowspan="2">批注</th></tr>
<tr><th>教师活动</th><th>学生活动</th></tr>
<tr><td colspan="2">课题导入</td><td>图片导入</td><td>思考：韭菜、韭黄是同一种植物吗?</td><td>生活情境导入</td><td></td></tr>
<tr><td>教学活动</td><td>1 设计假设</td><td colspan="4">问题：举例说出科学研究的一般方法
教师引导回顾：科学探究一般包括五个步骤：
1. 提出问题
2. 做出假设
3. 制订计划
4. 实施实验
5. 得出结论。
教师强调科学探究有三个要素：
1. 明确的目标
2. 探究的过程
3. 实施的结果</td></tr>
</table>

（待续）

表3-4 教学过程（续）

教学环节		教学活动		设计意图	批注
		教师活动	学生活动		
教学活动	1 设计假设	了解实验材料，分析研究的样本植物区别： 1.A、B 植株样本的共同点： ①结构特点；②气味等 2.A、B 植株样本的不同点： ①颜色；②猜测：用途、营养价值等	小组合作： 1. 讨论、分析 2. 填写学案	调查体验，分析异同	
		韭菜、韭黄是否是同一物种，应该如何设计假设呢？	小组回答： 1. 韭菜、韭黄是同一种植物 2. 基于判断的理由	明确问题，设计假设	
	2 设计实验	通过对比，我们明确了 A、B 植株样本的不同点，那么是什么原因造成了 A、B 植株样本的不同呢？	学生回答猜想：生长条件	条件猜想	
		植物的生长条件都有哪些？	学生思考回答：阳光、水分、土壤、空气	回顾学科知识	
		哪个生长条件有可能决定了 A、B 植株样本的差别？为什么？	学生思考回答： 1. 光照条件 2. 叶绿素	结合学科系统分析	

（待续）

表3-4 教学过程（续）

教学环节		教学活动		设计意图	批注
		教师活动	学生活动		
教学活动	2 设计实验	因植物生长条件差异，植株也会有差异，依据不同的判断条件，设计实验会有差异，如光照条件 光照条件 水分条件 土壤条件	学生设计实验差别 1. 光照条件 2. 水分条件 3. 土壤条件 4. 其他	分析条件差异任务	
		就如上猜想的影响条件，我们应该怎样进行实验设计呢？	小组合作：学习实验设计内容	设计实验	
		实验设计包括哪些内容呢？	学生思考回答： 1. 选择实验材料 2. 选择实验器具 3. 确定实验步骤 4. 设计实验记录表格	联系学科综合回答	
		哪个小组先进行实验设计的展示呢？	小组展示		
	韭菜栽培	教师讲解怎样获得： 1. 实验器材 2. 栽培过程 3. 注意事项	学生了解 1. 器材名称 2. 工具名称 3. 材料名称 4. 明确注意事项	习惯养成	安全事项
		指导学生进行培养皿栽培	学生操作 1. 种植操作 2. 分享展示	动手实践	
		在操作过程中，你遇到了哪些问题？	学生结合实验过程回答	总结记录	

（待续）

表3-4　教学过程（续）

<table>
<tr><th rowspan="2" colspan="2">教学环节</th><th colspan="2">教学活动</th><th rowspan="2">设计意图</th><th rowspan="2">批注</th></tr>
<tr><th>教师活动</th><th>学生活动</th></tr>
<tr><td rowspan="2">教学活动</td><td>学科拓展</td><td>跨学科活动设置
物理：无土栽培设备工程设计
化学：植物细胞失水和吸水的原因，溶液浓度</td><td>创新设计</td><td>STEM 拓展</td><td>依学科研究进行专业化、个性化设计</td></tr>
<tr><td>相关拓展</td><td>以《我们一样吗》为主题，你在其他学科中是否也能找到同样可以质疑的内容呢？</td><td>学生思考并回答：
物理类：
1. 晶体，我们一样吗？
2. 塑料制品，我们一样吗？
化学类：
1.盐,我们一样吗？
2.水,我们一样吗？</td><td>拓展思考</td><td></td></tr>
<tr><td rowspan="2">课堂小结</td><td>小结</td><td>课堂小结</td><td>整理实验器材</td><td>总结成果</td><td></td></tr>
<tr><td>延伸</td><td>二维码问卷跟进活动</td><td>1. 学生在调查问卷里展示阶段性成果
2. 推广活动</td><td>分享成果</td><td></td></tr>
<tr><td colspan="2">板书设计</td><td colspan="4">探究活动
1. 你的问题是：
2. 你的假设是：
3. 你的计划是：
4. 你准备如何实施：
5. 你的结论是：</td></tr>
</table>

（待续）

表3-4 教学过程（续）

教学环节	教学活动		设计意图	批注
	教师活动	学生活动		
相关链接	http://casvf.xiaoxiaotong.org/Video/VideoShow.aspx?WorksID=432 https://www.sojump.com/wjx/design/questionnairesettings.aspx?activity=16429108 http://www.xiaoxiaotong.org/ http://www.xiaoxiaotong.org/			
课后反思				

（二）无土栽培设施的选择与建造（表3－5）

表3-5 无土栽培设施的选择与建造

课题	无土栽培设施的选择与建造	授课人	赵立群
所属学科	综合实践活动	涉及学科	数学、生物、物理、STEM
年级	七、八年级	课型	新课
内容简析	我们一样吗：从韭菜、韭黄都是生活中常见的蔬菜，但很多人都曾经就“两者是否是同一种植物”产生过怀疑，从这一生活中的小困惑出发，以生物实验探究、工程实践探究等为学习途径，设计科技类综合实践活动，以解决韭菜、韭黄是否是同一种植物，如何防治韭蛆，无土韭菜栽培设备改进等问题作为整个 PBL 项目设计课中的第七节，旨在引导学生利用工程技术、开源硬件等器材，解决韭菜在无土栽培过程中根系的缺氧问题，培养学生分析问题、解决问题的能力		
学情分析	七、八年级学生对综合实践活动课程已经不陌生，七年级已经开设了生物课、劳动与技术课，因生物课与生活联系比较紧密，劳动与技术课能够让学生动手实践，所以大多数学生比较感兴趣，课堂气氛会比较活跃。学生已经具备了以下知识的储备：各根尖部分的结构，各部分的主要功能，水、氧气对植物的作用，在万有引力作用下水的流动状况，部分材料的特点等		

（待续）

表3-5 无土栽培设施的选择与建造（续）

教学目标	一、知识与技能 1. 学会简单工程设计思路，积极参与技术革新 2. 了解工程设计过程中的基本步骤 二、过程与方法 1. 通过活动，掌握一些制作的技巧，并能简单设计并制作完成具有固定功能的作品 2. 通过活动，掌握基本知识和基本技能 3. 通过小组讨论，学会提出工程设计思路 4. 通过小组合作学习、分享，体验科技类实验设计的一般过程 三、情感、态度与价值观 1. 树立、培养社会参与的责任担当意识和劳动责任感 2. 培养创新精神、创造能力、分析问题、解决问题和技术运用的能力 3. 激发主动参与社会发展创新的内在动机 4. 树立科学的世界观，重视养成教育，培养良好的探究式学习习惯	
教学重点	设计实验装置	
教学难点	工程实验设计过程	
突破重难点的方法手段	1. 小组合作、动手实践、互学互助 2. 多媒体 3. “知识宝库”	
课前准备	媒体准备	1. 课件 2. 剪辑相关视频 3. 实物投影
	器材准备	1. 实践活动器材盒准备 2. 吸管、胶带、剪刀等 3. 塑料袋等
	材料准备	1. 韭菜、韭黄、种子 2. 玻璃球等

无土栽培设施的选择与建造教学过程如下。

表3-6　无土栽培设施的选择与建造教学

教学环节	教学活动		设计意图	批注
	教师活动	学生活动		
回顾	1. 将课题流程进行简单回顾 提出问题→做出假设→设计实验（包括选择实验材料、选择实验器具、确定实验步骤、设计实验记录表格）→实施实验→分析与结论→表达与交流 2. 引入工程实验设计	学生回顾：生物实验设计	PBL回顾	
教学活动 了解韭蛆	问题： 1. 同学们见过黄叶韭菜吗? 2. 有人知道是怎么回事吗? 3. 同学们猜猜，发黄的韭菜怎么了?	根据生活经验思考并回答，同学补充，可猜想	兴趣导入，常识判断	
	点题（图片展示）： 1.罪魁祸首：韭蛆 2. 我们应该采取什么方法对付韭蛆呢?	学生思考： 1.常规方法 2.非常规方法	提出问题	
	引导学习： 有的放矢，请同学们阅读资料（一），让我们一起带着问题来了解“韭蛆”： 1. 这种生物是什么? 2. 生存环境是怎样的? 3. 它的弱点是什么?	1.学生阅读资料 2.讨论回答问题	调动储备信息，并学习知识	韭蛆相关资料的准备

（待续）

表3-6 无土栽培设施的选择与建造教学（续）

教学环节		教学活动		设计意图	批注
		教师活动	学生活动		
教学活动	了解韭蛆	请同学们根据资料（一）提供的信息，思考：如何解决“韭蛆”对韭菜生长的破坏问题？	学生讨论，形成答案： 1. 农药 2. 塑料薄膜 3. 塑料大棚 等	分析问题	
		那么我们一起来看看人们都想了哪些方法对付这些无孔不入的韭蛆的呢？	学生观看解决方案	查新	
	任务分析	通过学习，我们知道无土栽培是最好的解决韭蛆的办法，但在栽培的过程中，又出现了新的问题，就是如何解决烂根。《吕氏春秋·尽数》：“流水不腐，户枢不蠹，动也。”为什么动起来，就不会腐烂呢？	学生回答：增加水中氧气含量	联系经验学科	
		请同学们思考： 1. 如何让水中的氧气含量增加呢？ 2. 这个装置有什么特点呢？	学生小组讨论并回答	提出假设	
		让我们来设计制作一个可以进行水循环的无土栽培设备模型吧	小组分配任务	明确任务	

（待续）

表3-6　无土栽培设施的选择与建造教学（续）

教学环节		教学活动		设计意图	批注
		教师活动	学生活动		
教学活动	任务分析	当我们接受了设计任务，领会了设计意图，明确了设计目的，确定了设计方向后，需要了解工程类设计的一般步骤： 1.设计初步阶段 2.设计深入阶段 3.设计完善阶段 4.设计完成阶段	学生了解	联系学科综合思考	
		请同学们仔细观察器材盒里的物品，思考以下问题： 1.是什么？ 2.干什么用的？	学生思考，但不必回答	回顾学科知识	
		同学们都知道，自行车的主要系统可以分为传动子系统、制动系统（钳闸子系统）、转向系统、结构系统（悬架子系统）等。请同学们打开器材包，小组分析并讨论一下，给大家准备的器材都属于哪个系统的？并将其放在固定的器材包里	1.学生进行小组讨论、分析 2.进行分类，包括：选择实验材料、选择实验器具、确定实验步骤、设计实验记录表		

（待续）

表3-6　无土栽培设施的选择与建造教学（续）

教学环节	教学活动		设计意图	批注
	教师活动	学生活动		
教学活动 任务分析	产品的系统：系统　构成整个功能设备的相关子系统或构件的组合	水循环系统	学生了解器材名称、工具名称、材料名称，明确注意事项	准备器材盒
	子系统　由构件和零件构成的系统，属于更大的系统的一部分	动力系统、栽培系统、温控系统、指示系统等		
	构件　是最小的运动单元，是组成机构的最基本的单元	齿轮等		
	零件　是最小的制造单元，是制造产品的最基本的单元	螺丝等		
	工具　制作过程中需要的装备	螺丝刀、胶带等		
	就栽培的应用场景，我们应该怎样进行产品设计呢？思考： 1. 你的装置应该具备哪些功能？ 2. 需要哪些材料？ 3. 除了这些器材，还需要什么？	学生思考并填写设计方案	分享思考	
	哪个小组分享一下装置的功能呢？	小组展示		

（待续）

表3-6 无土栽培设施的选择与建造教学（续）

教学环节		教学活动		设计意图	批注
		教师活动	学生活动		
教学活动	方案在设计	请各小组根据任务要求开展自己的初步设计吧！教师强调： 1.相关器材、工具的使用 2.注意事项等	小组合作： 1.绘制草图 2.选择器材	工程设计习惯养成	安全事项
		在初步设计中，整体结构和水循环系统的设计是重点部分，请各项目组根据自己的进度进行时间统筹	动手搭建重点结构部分的操作	明确重点	
		教师巡视指导	学生动手实操	观察体验，动手实践	
	展示交流	哪组愿意分享一下自己小组的初步设计呢？包括： 1.阶段性半成品 2.设计草图 3.创新设计点	学生分享 1.阶段成果 2.设计图 3.创新设计点	STEM拓展	
		在操作过程中，你遇到了什么问题？你是如何解决的呢？	学生结合实验过程回答	总结记录	

（待续）

表3-6 无土栽培设施的选择与建造教学（续）

教学环节		教学活动		设计意图	批注
		教师活动	学生活动		
教学活动	拓展	我们设计的水培装置只完成了“设计初步阶段”，还需要进行设计深入阶段、设计完善阶段，以及设计完成阶段，请大家思考： 1. 怎样使你的装置更智能化一些呢? 2. 可以应用于更多的场景?	学生思考，不必回答	拓展思考	
课堂小结	小结	课堂小结	整理实验器材	总结成果，习惯养成	
	延伸	二维码问卷跟进活动	1.阶段性成果 2.推广活动	分享成果	
板书设计		工程类设计的一般步骤：设计初步阶段→设计深入阶段→设计完善阶段→设计完成阶段			
相关链接		http://casvf.xiaoxiaotong.org/Video/VideoShow.aspx?WorksID=432 https://www.sojump.com/wjx/design/questionnairesettings.aspx?activity=16429108 http://www.xiaoxiaotong.org/ http://www.xiaoxiaotong.org/			
课后反思					

第 4 章　研究节气知识，制作地方七十二候

活动设计开发人员：纪宝伟

设计单位：天津市东丽区丽泽小学

指导教师：天津师范大学　孙宝玲

适用年级：5~6 年级

一、方案的背景

你可能有过下雨没带伞的窘迫，也可能嗅过百花开放的阵阵清香，还有可能出现过被蚊子、苍蝇骚扰得难以入眠……但是你真正去关注过它们吗？你可曾静静地欣赏一株植物的开花结果，可曾关注过一只小小昆虫的生命活动，可曾思考过我们周围的这种种活动有着怎样的规律？

在古代，勤劳的人民曾密切地关注周边自然现象的变化，并在“天人合一”思想的指导下，结合天文、气象、物候知识，总结出了二十四节气及由其衍生出的七十二候，是中国最早的指导农事活动的历法。其可反映季节的变化，影响着千家万户的衣食住行。此历法以五日为候，三候为气，六气为时，四时为岁，一年二十四节气共七十二候。各候均以一个物候现象相应，称候应。其中植物候有植物的幼芽萌动、开花、结实等，动物候有动物的始振、始鸣、交配、迁徙等，非生物候有始冻、解冻、雷始发声等。

候应的依次变化，反映了一年中气候变化的一般情况，这无疑是中国的一项壮举。

渐渐地，伴随着城市化进程加快，农业生产技术的提升，在越来越快的生活节奏中，我们与周围的环境失去了联系，我们的孩子与大自然断了亲近，自然缺失症不断凸显。这种指导农业生产的二十四节气及七十二候解逐渐被人们淡忘。我国天文科普专家赵之珩先生在很多场合提出，希望孩子们制作适于当地的“七十二候解”。为了帮赵先生实现这一愿望，更为了让孩子们传承中华民族的传统文化，在学习、搜集、整理资料的过程中了解天文、地理、生物等各个学科是相互联系、统一的整体，学会从关注气候的变迁，制订新的自然历，探究七十二候时间变化的原因，并了解影响因素。从制作身边七十二候的角度看生态的变化，从而建立主人翁意识，热爱大自然，关心生态发展与变化。我们在学校中开展了“研究节气知识，制作七十二候”的科学普及活动，该活动有利于孩子们接触大自然，具有可操作性和普及性，使孩子们与大自然的联系更加紧密。

二、方案的目标

（1）全体学生会背二十四节气歌及部分节气的诗歌，了解农历日期，知道农历日期与公历日期的来历与差别，了解每个节气的时间，以及相应的风俗和部分物候知识。部分学生知道二十四节气所代表的天文学原理。

（2）全体学生能够自主地搜集关于节气和物候的知识，具备观察周围物候的能力。部分学生能够组织活动的开展，分析搜集的资料，做出假设，进行分析，得出结论，掌握基本的古文理解能力。

（3）全体学生通过了解节气知识，明白天文、地理、生物等身边的事物都是相互联系、相互统一的整体，坚信我国的传统文化具有很强的生命力，产生强烈的民族自豪感；部分学生会从中体会到生态平衡，建立全面的环保意识。

三、方案所涉及的对象、人数

此方案面向全校师生，以科技小组的 30 名学生为核心，参与活动的全部内容，并由他们辐射到全校师生了解此项活动。

一、二、三年级学生年纪较小，科学知识储备、参与试验的能力均有限，以了解知识、增加科学兴趣为主。四、五、六年级学生具备一定的科学知识和能力，作为活动的主体，经历参与过程，了解科学原理。

四、方案的主体部分

（一）活动内容

在全校范围内播放二十四节气的相关知识，开展知识竞赛、朗诵比赛等多项活动，通过天文节气特别课程的深入，使全校师生对节气和物候知识有一定的了解。在此基础上选拔科技小组成员，研究物候的相关知识，设立七十二候发现平台，建立适合于当地的自然历、当地的七十二候。利用手边资料，对气候变迁的原因进行猜测，在气象站的帮助下，验证气候变化导致物候变化的结论的准确性，最后在全校范围内做环保宣传。

（二）难点、重点、创新点

1. 难点

活动持续一年，如何让学生始终保持足够的兴趣？二十四节气距离我们生活越来越远，如何让孩子们养成观察身边事物的好习惯？

2. 重点

二十四节气及相应的风俗和物候知识为重点。要达到：能够自主地搜集关于节气和物候的知识，培养观察能力；能够分析搜集的资料，做出假设，进行分析，得出结论，掌握基本的古文理解技能。

3. 创新点

（1）制作适合当地的自然历，即与当地二十四节气配套的植物、动物、非生物因素的七十二候，这是我们的独创活动。

（2）考虑小学阶段孩子年龄跨度较大，于是设计了适合不同年龄阶段孩子的德育作业，目标要求有所差异。高年级要能写、能想、能总结；一、二年级的孩子不会写，只记几个有趣、新颖的词语，甚至画一画即可。

（3）活动有层次性、选拔性，层层递进，内容有大众参与的，也有适合小组研究的。

（4）充分利用身边的资源，如天文学会、东丽气象站、绿色之友等专业组织，为我们提供帮助，使我们的活动更具科学性和针对性。

（5）在开展观察大自然的活动中，不但要让学生口头报告、书写文字材料，还要大量绘画和拍照，还可以使用双筒望远镜、天文望远镜进行观察。

（6）将观察大自然与课业学习相结合。如古代诗词中描写节气和物候的语句、科学课里有关内容，数学课的有关计算等。

（三）利用各类科技教育资源（场所、资料、器材等）

场所：天文学会、东丽气象站、绿色之友、天文教室、图书馆、计算机教室等。

器材：天球仪、88 星座图、指星笔、相机等。

（四）活动过程和步骤

1. 宣传、了解二十四节气及七十二候（第 1 课时）

（1）利用校园电视台，在全校范围内播放二十四节气动画片，对二十四节气有一个初步的概念，让孩子们知道二十四个节气就在我们身边，它与我们的生产、生活紧密相连。（推荐动画《中国二十四节气》等）

德育处布置与视频相配套的德育作业，让孩子们写一写通过视频了解到的节气知识，对节气还有哪些想了解的内容，以及自己的感受。将孩子们写的较好的内容贴在学校宣传橱窗里，便于孩子们学习和交流。对于一、二、三年级较小的孩子可采取画一画、写一写的方法，孩子们可以将自己在视频中看到的或想象的相关内容画一画，捕捉视频中的一些新鲜的名词进行记录，不会写的字用拼音代替。完成相应的内容并记录下来。

（2）查阅资料，得填写表格（表 4-1）（第 2 课时）

布置家庭调查作业：二十四节气知多少。

表4-1　二十四节气知多少

节气	日期	风俗	其他（谚语、对联等）

预期目标：通过此活动搜集当地人们对节气知识的了解程度，与此相关的风俗习惯保留的状况，以及相关的农谚、对联等。

2. 二十四节气与天文（共 5 课时）

我国的历法是阴阳合历，二十四节气是以太阳的运转为依据的历法。太阳的运行等天文知识，有助于二十四节气知识的了解与学习，因此普及天文与节气的特色活动尤为重要。为了让孩子们更深入了解二十四节气的形成原因，在校园天文夜中面向大众讲述节气与天文的知识。

开展如下内容的学习。

（1）认识黄道及其相关星座（第 3 课时）

黄道：即地球绕太阳公转的轨道。在此黄道上有13个星座，：白羊、金牛、双子、巨蟹、狮子、室女、天秤、天蝎、人马、摩羯、宝瓶、双鱼、蛇夫。

总结这些星座的季节划分、大致的位置，以及在这个季节出现的时间。

（2）二十四节气形成的原因及特点（第 4 课时）

二十四节气从属于农历，但却是根据太阳的位置来划分的。视太阳从春分点（黄经零度，此刻太阳垂直照射赤道）出发，每前进 15° 为 1 个节气；运行一周又回到春分点，为 1 个回归年，合 360° ，因此分为二十四个节气。由于太阳通过每等份所需的时间几乎相等，二十四节气的公历日期每年大致相同：上半年在 6 日 、21 日前后，下半年在 8 日 、23 日前后。并有两句口诀：上半年来六、廿一，下半年来八、廿三。

（3）二十四节气与北斗七星（第 5 课时）

24 个节气的名称，是随着斗纲所指的地方并结合当时的自然气候与景观命名而来的。所谓斗纲，就是北斗七星中的魁、衡、杓三颗星随着天体的运行，斗纲指向不同的方向和位置，其所指的位置就是所代表的月份。如正月为寅，黄昏时杓指寅，半夜衡指寅，白天魁指寅；二月为卯，黄昏时杓指卯，半夜衡指卯，白天魁指卯，其余的月份类推。

画出一天中不同时间的北斗七星位置图，以及同一时间不同季节的位置图。

（4）制作模型（第 6 课时）

根据讲述的知识，现场指导学生制作太阳、黄道、地球的立体模型，模拟地球围绕太阳转时对应的、在地球所看到的太阳处在黄道上的位置。

（5）校园观星（第 7 课时）

指导学生在校观星，找出当晚的星座，根据地球自转的时间、太阳升起的时间估算天亮时太阳在哪个星座，并与下图对照，是否正确。可测试相邻的节气太阳所处的位置（图 4-1）。

双鱼座对应于春分到谷雨
白羊座对应于谷雨到小满
金牛座对应于小满到夏至
双子座对应于夏至到大暑
巨蟹座对应于大暑到处暑
狮子座对应于处暑到秋分
室女座对应于秋分到霜降
天秤座对应于霜降到小雪
天蝎座对应于小雪到冬至
人马座对应于冬至到大寒
摩羯座对应于大寒到雨水
宝瓶座对应于雨水到春分

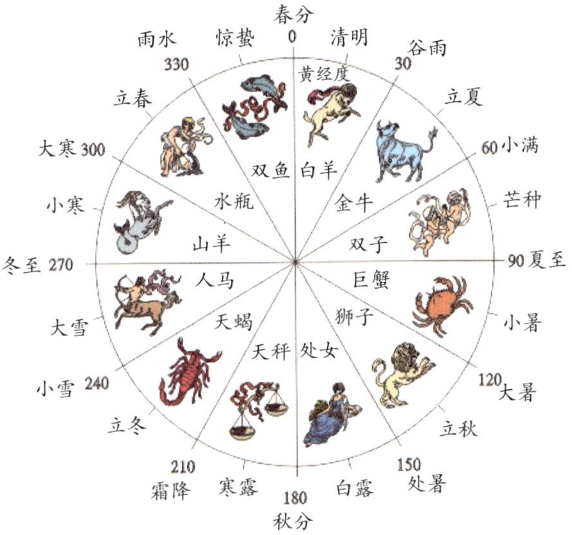

图 4-1　相邻节气太阳所处位置。

（6）观测作业：找一个晴天的晚上观察北斗七星在不同时间段的位置和勺柄的指向（图 4-2）。

农历日期：

公历日期：

时间：

地点：

发现：

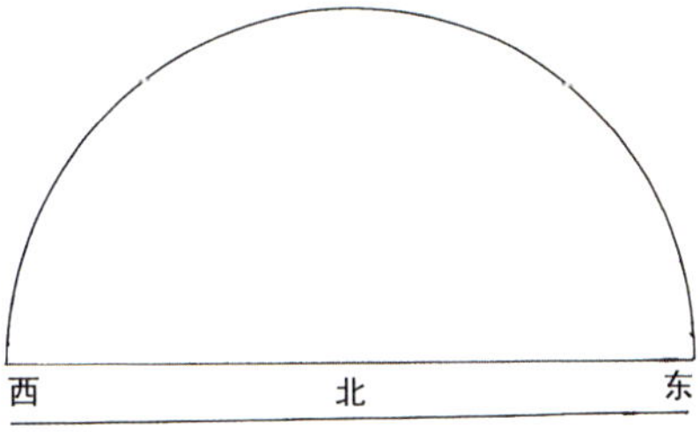

图 4-2　观察作业。

预期目标：可以让孩子们以天文学的角度深入了解节气产生的原因，

采用学习知识、动手制作模型、观测三者相结合的方式，使孩子们的兴趣增加，对于节气的知识有直观深入的了解。此项活动依托天文校本教材，对于活动的长期开展是有保障的。以天文夜的形式开展，可以将学生的家长、周边的居民带动起来，使此项活动的覆盖面增加。因为涉及较强的天文知识，不具备天文基础及天文设备的学校，建议搜集二十四节气产生的原因，夜晚用肉眼观测北斗七星等方式开展。

3. 开展节气知识小达人活动，进行活动表彰总结（第 8 课时）

在德育处的组织下，在不同的年级开展节气诗歌背诵比赛、手抄报比赛、节气知识擂台赛等活动。

（1）一、二年级背诵二十四节气歌，并了解诗歌的意思。

（2）三、四年级搜集与节气相关的诗歌，进行节气诗歌背诵比赛。

（3）五、六年级开展节气知识擂台赛等活动，提供关于节气的诗歌题目（从三、四年级的诗歌比赛中选出），提问相关的节气知识，以及在此节气中会产生的物候变化，初步了解七十二候。

对表现优异的学生进行表彰，将全校活动变为小组活动。

预期目标：此时活动进行到近一半，全体参与的内容即将结束，将转向小组研究阶段，所以要对学生的成果进行了解，及时给予评价，选拔出优秀的、对此活动真正感兴趣的孩子继续开展活动。

4. 遴选队员，开展活动

（1）全校的二十四节气研究活动告一段落，在此活动中，选拔出热爱节气知识的学生，成立科技小组，开展进一步的研究活动。

（2）运用 PBL 的研究方式，各小组自己确定研究内容（第 9 课时）

科技小组第一次例会，点名确定小组成员，互相介绍认识，选举组长、副组长、组织委员等，方便活动开展。大家共同完成活动制度的建立，并要求大家共同遵守。请孩子们回家整合自己的资料，指向几个大家都关注、感兴趣的知识内容重点研究。

1）节气的相关文化为什么离我们越来越远？

工业化生产、温室大棚等技术手段的使用，使得节气离我们越来越远。学生们搜集相关资料，形成报告。

2）七十二候知识的划分与含义。

以五日为候，三候为气，六气为时，四时为岁，一年二十四节气共七十二候。各候均与 1 个物候现象相应，称候应。其中植物候应有植物的幼芽萌动、开花、结实等；动物候应有动物的始振、始鸣、交配、迁徙等；非生物候应有始冻、解冻、雷始发声等。七十二候候应的依次变化，反映了一年中气候变化的一般情况。对照相关知识完成时间与物候的对应时间（图 4-3）。

3）分析二十四节气与七十二候的历史文化知识，通过语文老师、科学老师的帮助，用现代的语言解释二十四节气与七十二候的古文内容。

预期目标：此部分的活动，是为科技小组专门设立的，可以利用第二课堂和课余时间完成，由孩子们指向关注的问题进行研究，内容较深入，适合小组完成。对节气知识和物候知识进行梳理，研究与节气物候相关的古文，也为后面的活动开展起到奠定基础的作用。

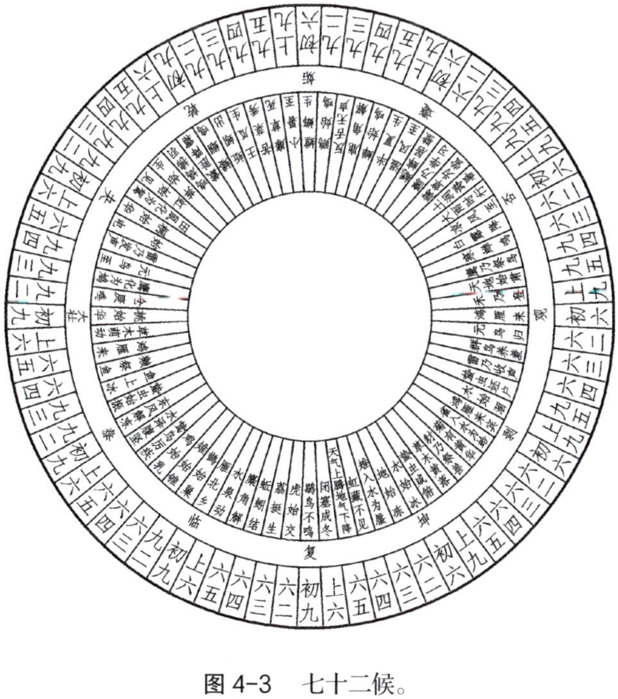

图 4-3　七十二候。

5. 实践活动，培养观察大自然的能力（第 10 课时）

(1) 在学校橱窗里制作一个可擦写的表格（表 4-2），每到一个节气，科技小组的学生就在表格中写上节气名称，对应的物候、解释。全校师生可以注意发生这种物候的时间，谁发现了，就写在发现时间的位置上，前三名发现者给予一定的奖励，以此激励学生参与活动的热情，还可以写上在这个节气中发现的其他物候现象，详见以霜降为例表格，培养孩子们热爱大自然、关心大自然的品质。

表 4-2　七十二候发现平台

节气名称	物候	解释	发现的时间	其他变化

以霜降为例，如表 4-3所示。

表 4-3　七十二候发现平台

节气名称	物候	解释	发现的时间	其他变化
霜降	初候：豺乃祭兽（10月23-27日）	豺比狼小，此时捕捉到很多小动物作为食物储藏，摆在地上像在“祭兽”		
	二候：草木黄落（10月28日-11月1日）	夜晚已经低于0℃，草木停止生长，一片萧瑟景象		
	三候：蛰虫咸俯（11月2-6日）	“咸”是全部意思。冬眠的动物在大地封冻前全部钻入地下		

预期目标：活动的主体部分极易操作，锻炼了孩子们的古文能力，在此活动中，对于大自然的关注会得到加强，而且孩子们会在生活中有目的地观察大自然，并内化成一种习惯，关注自然的变化。虽然此活动历时时间较长，将近一年时间，但是每个节气相隔时间不长，孩子们不至于产生厌倦的感觉，老师要多鼓励孩子，培养他们多观察的习惯，在此阶段可以让孩子们在观察物候的过程中写下自己的感受和体会，定期进行相关的作文评比。

（2）科技小组将节气平台的表格进行汇总，分析数据（第 11 课时）。

1）每个节气过后，科技小组的学生们要分析数据，哪些物候观察不到了？有哪些新的物候出现？总结数据并思考相关影响因素。

2）观察相同物候出现的时间，并分析数据：为什么比原来的时间推迟或者提前？对影响因素做出自己的假设。

预期假设内容：

温室效应导致温度升高，华北地区的物候现象已发生变化；

人类的生产、生活破坏了动植物的生存环境；

城市里高楼林立导致热岛效应；

大棚、新物种等新生科技导致物候的变化；

七十二候的起源很早，对有些物候描述不那么准确；

……（根据学生的思考结果而定）

预期目标：在此阶段，科技小组在老师的带领下，要学会去伪存真、总结数据、大胆提出假设。对于古代七十二候中错误的知识能够辨认、理解；对于身边新出现的物候现象，小组成员要及时去验证是否正确。

（3）调查资料，求证假设内容（第 12 课时）。

1）填写表格（表 4 -4）。询问家长小时候的相关生活经历，得出人们切实感觉到的环境变化。例如：在以前，立冬之后土地会出现裂痕等，而现在基本看不到。

表 4－4　调查家人对环境变化的对比

访问人	曾居住环境	现今变化
爷爷		
爸爸		
同学所看到的		

画出爷爷、爸爸、我三代人当地居住环境的变化与变迁的图片。

2）去往东丽气象站，调查近几年的二十四节气所处的时间、气温等状况数据，邀请气象台的工作人员讲解华北地区气候的变迁。

3）请天津绿色之友环保组织的志愿者到学校讲解关于生态破坏、气温上升、温室效应的环保讲座。

4）去往天津市自然博物馆，将我们在气象台搜集的气候变迁数据，通过七十二候发现平台的资料、绿色之友的生态环境的相关资料，以及我们的假设（温室效应导致温度升高、天津地区的气候发生变迁、物候现象已发生变化），请天津市自然博物馆的工作人员为我们讲解相关知识，证明我们的假设是否成立，并给予我们书面的、科学的证明文件。

预期目标：此项活动是验证我们假设的过程，是对我们之前活动的升华，使其明确。因此项活动涉及户外，所以开展人群以科技小组为主。我们充分利用了周边的资源，以及家长和社会力量，使活动的影响力得到扩大。

（4）制作当地七十二候，提高环保意识（第 13 课时）。

1）将我们的数据成果做成与二十四节气相对应的七十二候，并将其送给气象局、博物馆等，让大家关注生态变化，爱护大自然。

2）将作品送给赵之珩先生，帮他完成一项心愿。

3）在全校范围内进行有关保护生态的环保活动，并将此项活动带入社区，与居民一起将生态保护落到实处。

4）将 1 年来孩子们的绘画数据成果做成展览，供大家学习、欣赏。

预期目标：此项活动是总结阶段，是整个活动的成果展示，是对学生们的付出的一种肯定，学生们会在其中体会到成功的快乐。虽然此环节代表整个活动的完结，但是作为成功的典范，更能指导此项活动在我校及其他地区的有序开展。

（5）附加活动（第 14 课时）。

对于进行大面积观察活动有困难，可以结合三年级科学课程植物单元开展“一粒种子的节气”活动。在立春当天开始浸泡种子，观察种子的萌发、长根、发芽，然后将它种植到室外，观察其茎、叶等生长情况，做好记录，并与二十四节气进行联系，形成一粒种子的节气。此活动与科学课程有一定的关联，具备开展活动的时间、地点（即利用科学课程时间及科学实验室开展）。这样就更有针对性和可观察性，适合年纪较小的孩子开展。

六、可能出现的问题及解决预案

（1）此活动历时时间较长，需要 1 年的时间，担心学生会产生厌倦的感觉，可根据情况给予学生一定的奖励，以此激励学生参与活动的热情，教师要多鼓励学生，培养他们多观察的习惯，可以与作文联系起来，让学生在观察物候的过程中写下自己的感受和体会，定期进行相关作文评比。与科学课程中相关动物、植物的知识进行关联学习，方便教师指导及活动的开展。

（2）在观察周边植物、动物的同时会出现孩子们不认识这些植物、动物名字的情况，因此在此之前要将当地最常见的动物、植物给学生进行列举，并提供给科技小组“昆虫图鉴”“植物图鉴”参考使用。当出现不认识的动物、植物时可以拍照，然后进行对比查找。

七、预期效果与呈现方式

（1）对于全校性质的活动，我们充分利用了校园电视台、橱窗等硬件设备，采取了德育作业的形式巩固知识，通过询问家长、自己观察、查找资料等方式进一步学习节气的知识。经过这些活动后，孩子们对节气知识都有了了解，激发了学生的兴趣，也为后面的选拔科技组队员奠定了基础。

（2）对于小组的活动，由浅入深，层层递进，有理论知识的内容，有动手实验的内容，有参观访问的内容，还有总结交流展示的内容，这一系列活动，使学生的能力得到了很大的提高。

八、效果评价标准与方式

（1）采取德育作业的方式，通过学生们的作业达到评价目的。

（2）通过各种附件的积累使用（即学生的支持材料）的完成情况给予评价。

（3）通过与家长的互动反馈，了解学生们的发展状况。

（4）通过知识竞赛等方式，选拔出节气小达人等。

九、对青少年“益智、养德”等方面的作用

使学生对表象的科学现象得到梳理，升华成科学理论，并运用到实际生活中去，为以后的活动做准备。科技活动要朝着青少年喜爱的方向发展，使他们感受到我们的生活处处都有科学。通过本次活动，我们学到了关于节气的相关知识，使我们的科学课堂得到延伸。培养了提出问题、解决问题的能力，养成了在生活中要学科学、用科学的生活方式。

了解到天文、地理、生物等各个学科是相互联系且统一的整体；学会关注气候的变迁，制订新的自然历，并探究七十二候时间变化的原因，了解影响因素，从七十二候的角度看生态的变化，从而建立主人翁意识，热爱大自然，关心生态的发展和变化。增强环保意识、主人翁意识、民族自尊心和自豪感，培养热爱家乡的情感，将活动课程、科学课程带到课外，

丰富学生的知识，开拓学生的眼界（图 4-4 至 4-10）。

图 4-4　学生们在校园观察物候的变化。

点评：该科技实践活动方案以研究人们熟悉的节气为出发点，组织学生们开展天文观测、物候观察、科学记录等科技活动，综合提升了学生对于一年中二十四个节气和七十二候的认知，同时在活动中让学生们学习了科学观察、归纳总结、规范记录七十二候的方法，培养了学生们科学探究的能力，激发了学生们热爱自然、关注身边自然科学现象的热情。本项科技实践活动不仅可以拓展学生们对于节气的科学知识，还可以使学生关注天文现象和当地动物、植物的特征，具有很强的地域特色，是一项提升学生天文、生物、地理、数学、语文等多学科综合素养，且具有地域特色的综合实践活动。可在全国范围内广为开展，且因地域不同，活动过程中学生们记录的结果会有较大差异，可增强学生的好奇心和求知欲，是提升学生科学素养的优质活动之一。

图 4-5　学生们在校园用不同的方法观察物候的变化并记录下来。

图 4-6　学生们在捉昆虫标本。

图 4-7　学生们在观察物候变化。

图 4-8　学生们在制作植物标本。

图 4-9 天文夜活动。

图 4-10 夜晚观星。

第 5 章　学生跨境物联网种植活动

活动设计开发人员：王万江

设计单位：天津市实验小学

指导教师：天津师范大学　孙宝玲

适用年级：4~5 年级

一、方案的背景

学生跨境物联网种植活动是天津市实验小学——中美“千校携手”项目的创意活动之一。“千校携手”项目是在第五轮中美人文交流高层磋商期间，中美两国中小学生代表共同发起“千校携手，热爱自然，绿色生活”倡议，号召中美青少年增强环保意识，保护环境，热爱自然。国务院原副总理刘延东与美国第 68 任国务卿约翰·克里曾出席中美“千校携手”项目启动仪式，中国国家主席习近平夫人彭丽媛教授、美国前总统奥巴马夫人米歇尔·奥巴马分别发贺信，鼓励中美青少年在环境与自然保护方面开展交流。

自 2014 年 7 月项目启动以来，积极落实两国领导人达成的共识，成立了中美“千校携手”项目领导小组。领导小组组长由教育部郝平副部长担任，组员分别来自共青团中央、全国妇联、教育部有关职能部门和中国教育国际交流协会。项目实施单位为中国教育国际交流协会。天津市实验小学于

2016年8月入选中美“千校携手”第三批项目学校，是第三批天津市唯一入选的学校，与美国合作学校进行“我为你种菜”的生态环保主题活动。通过引入农业物联网种植设备，创建中国和美国学生各自独立的种植环境，并通过设备配套的网络交互控制平台实现中美学生的互动和交流。2018—2019与美国加州洛杉矶三塔安娜海宁阁初级学校、苏格兰孔子学院签署科普联盟学校，并开展生物、环保等方面的交流活动。活动中有天津市农业大学的专家参与指导学生开展研究与项目推广。

二、方案的预期目标

（一）知识目标

（1）学生通过跨境物联网种植，熟悉各国各类植物作物，了解各国在环保和生物科技等方面的方式和成果。

（2）学生在种植的过程中，了解不同地区典型作物的特征、生长环境、种植维护方法及物候对植物生长的影响。

（3）了解物联网知识，认识各种传感器和控制器，掌握大数据的采集分析，初步了解未来智能农业。

（二）能力目标

（1）学生通过跨境种植对比实验，探究不同环境和物候条件下植物生长的规律，掌握蔬菜种植的技能。

（2）学生掌握物联网相关技术的应用，学会通过传感器数据分析不同植物生长条件，并通过网络控制作物管理终端。

（3）以物联网种植为平台提高学生的英语交流能力。

（三）情感目标

（1）通过物联网种植活动，让学生体验现代农业科技为人类带来的便利，让学生喜欢参与与农业有关的劳动。

（2）利用跨境种植，与美国学生开展环保合作研究，共同意识到维护地球家园的重要意义。

（3）同学们在活动中增进中美文化的相互理解，体现合作共赢，增进各国学生的友谊。

三、活动方案所涉及的对象、人数

（一）方案所涉及的对象和人数

本次方案所涉及的对象为天津市实验小学三、四年级的物联网种植组的学生，参加 2018—2019 年赴美研学的五、六年级学生，科技教师，信息技术教师，综合实践教师，物联网专业人员，学校部分领导。其中学生 344 人，教师 26 人；美国加州洛杉矶三塔安娜海宁阁初级学校七年级学生共 103 人，教师和学校管理人员 7 人。

（二）学生分析

植物种植活动是小学生喜爱的活动，为了保证本次活动的顺利开展，天津市实验小学在三、四年级招募喜爱农业种植的学生加入学校的物联网种植小组进行为期一年的基础知识和技能训练。中年级学生年龄小，相关知识少且动手能力有限。通过培训让学生掌握基础的生物知识、种植维护的一般方法，在接触物联网技术并按照要求完成本校种植任务的同时提高英语水平，为高年级与美国学生进行跨境交流奠定基础。

天津市实验小学每年组织五、六年级学生赴美参加科技素质拓展研学活动。高年级学生已经掌握了相关的技术和知识，具有分析和处理简单问题的能力。学生可以通过物联网技术收集传感器数据并进行分析，控制终端跨境进行种植。做简单的跨境种植作物的对比实验，能够把数据记录完整。在小学阶段开展此项活动符合小学生的探知欲强、有学习的热情和沟通能力的特点。教师适时引导他们与美国学生进行环保方面的交流，能够更好地实现活动的目的。

四、方案的主体部分

（一）活动内容

（1）通过三、四年级素拓活动招募学生，进行物联网知识技能培训，开展作物种植活动。

（2）组织素拓组学生参观现代农场，了解最新农业科技。在学校建立本校物联网种植基地，让学生体验物联网种植带来的便利，掌握实际操作技能。

（3）带领学生围绕物联网种植开展物候和环保相关活动，设计简单对比试验，掌握大数据分析等技能，了解环境对植物生长的影响。

（4）围绕本活动开展英语专业培训，通过互联网进行模拟交流活动。

（5）组织赴美研学学生进行跨境种植技能培训，练习讲解和演示。协助美方学生建立物联网农场。

（6）确定作物品种，了解相应种植技术，进行跨境维护，确定环保主题进行研究。

根据活动安排按图 5-1 所示步骤进行。

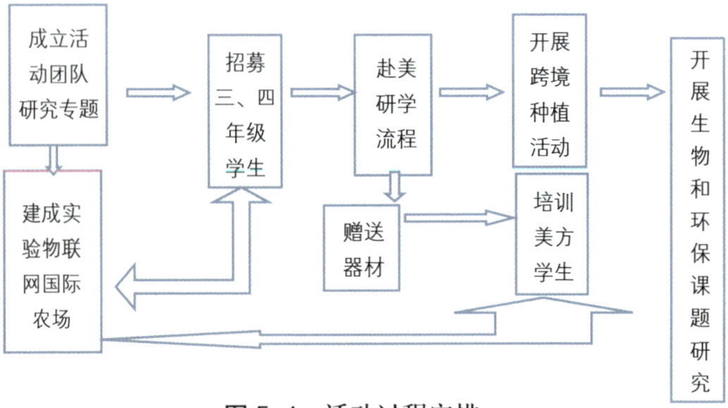

图 5-1　活动过程安排。

（二）重点、难点、创新点

1. 重点

（1）掌握物联网技术和作物种植技术，进行跨境蔬菜种植。

（2）开展基于跨境物联网种植的环保交流活动。

2. 难点

（1）首先是技术方面的突破，需要解决跨境设备的调试。需要学生熟练掌握此项技术，并培训美国学生配合使用。

（2）因为存在时空和文化差异，跨境作物的持续维护和环保方面的交流是主要难点。

3. 创新点

（1）发挥物联网优势，创造性地将其应用于学生跨境种植和蔬菜作物维护活动。

（2）以跨境物联网种植为平台，进行中美环保和文化交流。

（3）以跨境种植这一理念为基础，建设实验小学国际农场，开展国际理解教育。

（三）可利用的各类科技教育资源（场所、资料、器材等）

1. 校内科技教育资源

我校校园内同期搭建创客中心——物联网种植试验基地，让更多学生通过亲身种植和养护控制来学习和掌握农业种植及物联网技术的相关知识、技能，启发科技思维，增强创造力。具体仪器设备清单详见表 5.1 和表 5.2。

为了此项活动的顺利开展，我校委派了科技活动主要负责人 3 人负责此项活动的开展，负责协调工作 1 人，负责对外联络 1 人，其他科技辅导员、信息老师、物联网专业人员等协助活动组织与实施。

2. 校外科技教育资源

爱民科技公司成立于 2011 年 3 月，早于“智慧农业”概念的提出。当互联网 + 的设计愿景开始征服人类的时候，爱民科技已经默默地走在了“智慧农业”的前沿，推出了一系列基于物联网传感技术的智慧农业产品。公司在物联网、信息化系统集成和开发方面有长期的技术积累，迄今为止已经获得多项国家专利、软件著作权，并承担了天津市2015年农业物联网区试工程。该公司可提供PC端和移动终端双重管理方式，具备数据采集、分析能力，满足两年数据收集及存储能力，可以提供一段时间的数据及分析。采集项目不少于两种，日采集数不低于1000条，数据流量不大于1M，年数据提取总量不低于36万条，年流量不高于400M。

表5-1 智能生态清单及报价单

名称	数量	单位	单价（元）	合计（元）	说明
种植区	1	套	30800	30800	含储水功能、中控、防水，方便更换，可组装、可移动；含种植介质及有基础肥料；实木，无毒、无刺激气味，具有天然的防腐、防虫特性
蔬菜	800	颗	3.4	2720	按时令提供不低于10个品种的蔬菜，部分菜品可以提供不同生长阶段的样本
植物	300	颗	15.6	4680	
智能控制器	1	台	1280	1280	
滴灌套装	1	套	880	880	
水泵	2	台	580	1160	
补光灯及灯架	3	套	1200	3600	
安装费	6	次/人	350	2100	
手机客户端账户及PC端账户	20	个	200	4000	
远程服务器资源及数据流量分享	1	年	2800	2800	
合计				54020	

表5-2 向美国学校赠送仪器设备清单

产品名称	数量（个）	单价（元）	单位	金额（元）	备注
智能控制器	1	3280	套	3280	包含1个主控、1套环境的温湿度监测
植物补光灯	1	468	个	468	全光谱LED补光灯
滴箭套装	3	25	套	75	滴箭、三通、水管
水泵	1	128	个	128	
Wi-FI摄像头	1	528	套	528	
远程服务器资源及数据流量分享	1	3800	年	3800	
手机客户端账户及PC端账户	20	200	年	4000	
纯实木种植箱	1	358	个	358	L×W×H：500mm×500mm×150mm
	合计			12637	

（四）活动过程和步骤

1. 活动准备

（1）成立项目小组以确定物联网跨境种植项目，论证项目的可行性，调研现有资源，上报学校领导并取得相关支持，明确具体负责人，安排行政主任以协调工作，明确工作安排，细化参与科技辅导员的任务，为今后活动的顺利开展奠定基础。

（2）联系校外科技教育资源，取得技术支持，并做好校内物联网农场建设规划，安排活动场地和器材准备。

（3）建成天津市实验小学科技中心物联网基地，并进行技术测试。

（4）招募参与此次活动的三、四年级学生，成立物联网素拓小组。确定物联网课程方案，进行教师培训。

2. 组织实施

（1）活动时间。活动分为四个阶段。

第一阶段：（8 课时）三、四年级学生学习物联网基础知识。

第二阶段：（4 课时）农业物联网设备的原理和使用操作。

第三阶段：（4 课时）物联网跨境种植活动。

第四阶段：（4 课时）学生自主围绕物联网开展生物和环保课题研究。

（2）活动地点。

校内：天津市实验小学科技中心物联网农场、天津市实验小学 B 座 225 教室。

校外：①美国加州洛杉矶三塔安娜海宁阁初级学校七年级教室；②苏格兰孔子学院室外种植基地。

（3）活动日程。

第一阶段：三、四年级学生进行物联网基础知识的学习。

开设基于农业物联网平台的自然科学校本课程，对学生进行基础知识和技能训练。课程内容如下。

◎生物观察、种植饲养相关探究实验（1 课时）

学习动物、植物体的组成，植物的多样性，配合科学教学，如植物的光合作用、观察种子发芽、相同植物在不同生长时期的状态等。

◎气候、物候、土壤环境科学（1 课时）

认识植物、了解植物的生长习性，如温度、湿度、照度、土壤酸碱度等对植物生长的影响

◎农业机器人应用（1 课时）

农业机械化，智能农业管理、通讯，物数据传输方式 Wi-Fi、GPRS 、蓝牙、红外线。

◎语、数、外等工具学科的实践应用（1 课时）

写了解自然的笔记、学习空间测量、通过物联网跨境英语交流生物问题。

◎农艺、园艺等美学设计（1 课时）

传授果树修剪锻炼手工能力，学习插花、压花，培养色彩搭配，利用物联网体验植物的繁育、种植。

◎茶艺、中医药等文化渗透（1课时）

了解茶树种植、培育、摘取，体验制茶、茶道、茶艺，学习茶历史，感受茶文化。

◎物联网相关知识和数据处理（1课时）

观察植物生长，通过视频监控获取分析数据、远程控制。

◎渗透环保意识，组织相应环保活动（1课时）

了解气候、物候、土壤等环境科学，物种多样性分布，水土保护等。

设计意图：通过课程学习，普及物联网基础知识，训练相关能力，并围绕物联网进行STEAM课程拓展学习。本环节让学生通过基于农业物联网平台的自然科学校本课程了解物联网的基本知识，对活动主题内容有初步认识，产生探究兴趣。教师选拔有专长的学生，为后续活动奠定了基础。

第二阶段：农业物联网设备的原理和使用操作。

◎植物补光设备（1课时）

物联网种植设备组内部在整体设计规划中，会针对植物安装植物补光设备，主要作用为补光，目的是有效提高植物光合作用的效率。采用的植物补光设备的光照接近太阳光谱，其中的紫外光也能起到一定的防治植物生理病害和虫害的作用。

◎水肥一体化灌溉（1课时）

物联网种植设备组内部在整体设计规划中，在植物灌溉上采取水肥一体化灌溉模式，搭配进口以色列滴箭作为植物灌溉工具。在植物灌溉过程中不仅能够为植物提供水分及营养，同时这种灌溉模式能够使种植的介质污染减少，能够保证长时间使用，并且达到节水的效果，可谓是省时省力，方便便捷。

◎数据监控与采集（1课时）

物联网种植设备组内部在整体设计规划中，增添了植物生长环境的数据监控与采集，如土壤温度、土壤湿度、空气温度、空气湿度等。通过手机或电脑进行远程查看及监控，让我们能够实时了解植物生长环境的变化，做出利于植物生长的判断，并进行环境改善。

◎远程监控与采集（1课时）

物联网种植设备组内部在整体设计规划中，增添了远程监控设备，可以实时对植物生长情况进行观察，可配合数据监控及采集的信息进行分析，可以模拟出最适宜植物生长的环境。

第三阶段：进行物联网跨境种植活动（4课时）。

介绍跨境物联网种植——“你种菜我来管”活动，让美国师生体验中国的新技术。跨境为实验小学国际农场的花和蔬菜补光浇水，监控各种数据。现场示范，学生现场把物联网设备组装起来，指导学生如何操作操控设备。

这一阶段的课程也成为中美“千校携手”项目中非常具有创意和特色的活动，实验小学与美国学校进行跨境的“我为你种菜”活动也正式启动。实验小学授权美国的学生来种植远在天津市实验小学国际农场的蔬菜，美国学生通过视频可以看到实验小学蔬菜生长的情况。学访团回国后，天津市实验小学的学生在国内通过手机来控制美国的物联网农场，管理海宁阁学校种植的蔬菜。两地的学生自己选择蔬菜育苗之后利用手机来进行跨国管理。手机可以控制浇水、补光、通风等，可以让蔬菜得到更好的生长。学生可以通过监控直接观看对方植物的生长情况。

设计意图：将物联网器材和理念传递给美方学生，安装调试美国物联网，进行实地测试。指导美国学生正确使用，授权账号，中国学生与美国学生面对面交流后期合作方案。改变以往研学只是短期接触，无后续活动的问题，促进中美学生长期交流。

组织学生与美方联络，开始网上种植活动。在天津市校区和美国校区学生可以互换养护，也就是天津市的学生可以登录美国设备，对美国设备进行管理和控制。美国学生可以登录天津设备进行管理和控制。实现跨国管理，加强校校联系。

设备具备自动管理模式，在无人管理的情况下可以基本保证种植箱内植物正常生长，解决时差问题。通过手动管理模式，学生或老师可实现人机互动，提高管理控制体验。设备还具备传感数据实时显示功能，方便使用人员实时查看及讲解。收集中美植物生长数据，建立蔬菜生长条件模型，

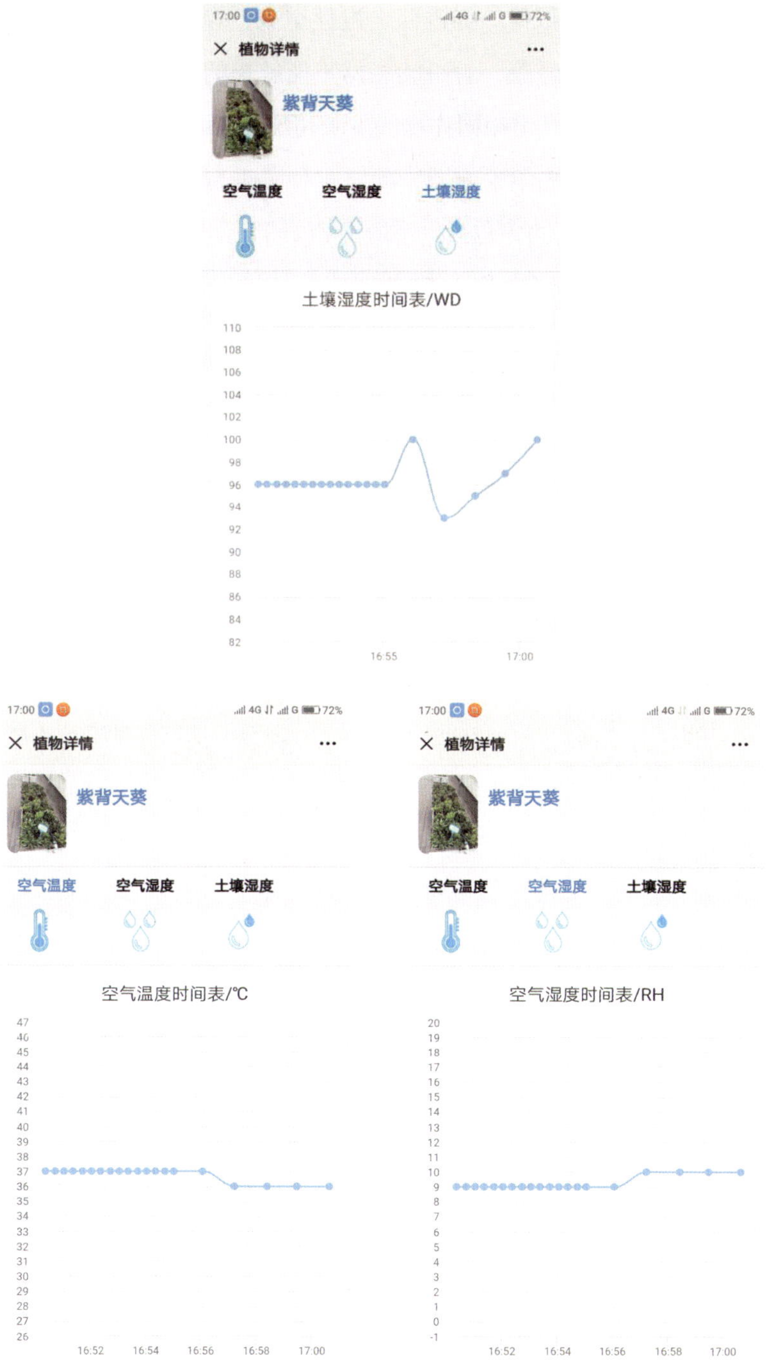

图 5-2 各种数据的手机记录。

为后续智能维护提供依据。促进网上视频交流，查看美方植物生长状况，与美国学生交流管理经验，解决物联网不能解决的如虫害等问题。通过温度、湿度等环境数据对比相同作物的生长情况（图 5-2）。

设计意图：双方的学生要围绕为对方种菜进行网上的合作与交流，锻炼他们多方面综合的能力，包括：这是长期的网络合作，学生要对植物的生长情况进行记录。跨境种植植物，远程监控维护作物生长；把情况用英语随时向美国学生提供。需要网上不断通信，对比果实的收成，看看能不能吃到新鲜的蔬菜。这是合作共赢的活动，即使种植失败，也会获得宝贵的经验。这种交流的方式可以确保在植物生长期间持续联络，这比短期的游学更有意义。

第四阶段：环保研究围绕物联网开展生物和环保课题研究（4 课时）。

根据第三阶段跨境种植实际情况，决定以校园、物联网生物园、天津市自然保护区作为实验基地，让物联网小组的学生与美国学生确定环保和生物研究方面的课题进行合作。

指导学生开展课外科技实验，如“跨境植物的种子繁殖”“跨境物联网的人工辅助授粉方式研究”“两地番茄、白菜、洋葱、莴苣等常见植物的栽培和智能化管理”“不同气候条件对相同作物的影响”“野生植物的物联网监测”等。

指导学生进行专题调查。由学生结合实际选择自己感兴趣的研究性课题，在教师的指导下进行跨境研究或调查，如“中美校园环境的调查分析与环保意识的形成”“中美自然保护区现状的调查分析与建议”等。

开展国际环境教育和环境保护实践活动。重视和参与环保宣传，组织中美学生积极参与环境监督和宣传教育活动，从小增强环境意识，树立可持续发展的观念，并通过他们去影响全社会。如：在 4 月 22 日世界地球日、6 月 5 日世界环境日组织学生与美方进行环保活动。

设计意图：将活动提升为生物和环保课题研究，突出研究性学习，让学生在真实情景中参与环保，意识到环境与人的关系和保护环境的重要意义。达成“千校携手”项目的目标，促进中美学生在环境问题上的相互理解以实现两国文化交流的目的。

（五）可能出现的问题及解决预案

在开展此项活动的过程中，可能会出现一些计划以外的情况。为此，我们对可能出现的问题做了预案。

（1）由于种植活动需要持续很长时间，参加活动的部分学生毅力不够，对活动失去兴趣，甚至中途退出。对于这种情况的出现，我们在规划课程时，加入园艺、茶艺、中草药等内容，在学生失去兴趣时，改变内容，保持他们的新鲜感。

（2）在活动过程中蔬菜种植技术性强，容易发生植物死亡及病虫害，我们会安排专业指导，由科技辅导员指导，协助学生共同完成。

（3）在学访期间物联网设备跨境的测试比较困难，前期由物联网公司将设备寄往美国加州测试。

（4）跨境国际交流语言是最大障碍，请求英语组教师协助，对学生进行培训，并做好翻译工作。

（5）中美时差使交流时间成为问题，我们在每天早上8:00与美方联络，半小时后美方学生放学。

（6）植物管理的部分内容，无法用物联网实现，如选种、间苗、除虫、收获等，需要双方学生沟通后现场协助对方进行。

（7）关于环保活动的命题，对于学生是创造性活动，具有一定难度，需要教师协助启发完成。

（六）效果及呈现方式

1. 提交环保方案

学生书写利用物联网进行环保课题研究的方案，提交到相关行政管理部门，为环保献言献策。

2. 资料汇总，成果展示

将活动过程中的文字、图像、视频等相关资料进行汇总保存，并对收获的蔬菜在校内进行专题成果展示。组织全校学生参观学习，对活动中表现突出的学生进行表彰鼓励。校外由新闻媒体进行活动环节纪实报道，面向社会宣传本次活动，扩大宣传面和影响力。

3. 物联网成果展

根据物联网技术研发环保和生物种植方面的发明。

（七）活动成果分析

（1）多家媒体对天津市实验小学物联网跨境种植活动进行了跟踪报道，具有一定的社会影响力。

（2）多所科普联盟学校主动要求开展此项活动，未来天津市实验小学将建成以跨境种植为特色的物联网国际农场，与英国、日本等国家和地区进行协作。

（3）在环保教育方面开辟一种新的方式，借助这一平台开展环保国际合作，进行国际理解教育（图5–3）。

【点评】该科技实践活动是一项中美跨国交流与合作的研究型综合实践活动。在物联网技术支持下，使小学生可以在种植植物的同时，通过手机管理在美国种植的植物。在活动开展的过程中，小学生在了解植物的一般习性的基础上，学习使用手机软件来监测管理植物生长的数据，并能够用手机软件管理植物的光照、浇水、通风等必要条件。此项科技综合实践活动，在小学生学习植物相关知识时，培养了他们对植物种植的兴趣，拓宽了学生们的国际视野，提升了学生们的外语表达交流能力，增进了两国小朋友之间的友谊。该项科技实践活动为从事科技教育的教师们提供了跨国开展科技实践活动的样本，希望为我国“一带一路”国际科技教育合作的开展提供参考。

图5–3　学生活动照片。

第 6 章　创意编程与智能设计课程

活动设计开发人员：刘学瑞

设计单位：天津市滨海新区塘沽第五中学

指导老师：天津经济技术开发区国际学校　赵立群

适用年级：7~9 年级

一、课程设计背景

经过 60 多年的演进，特别是在移动互联网、大数据、超级计算、传感网、脑科学等新理论、新技术及经济社会发展强烈需求的共同驱动下，人工智能加速发展，呈现出深度学习、跨界融合、人机协同、群智开放、自主操控等新特征。大数据驱动知识学习、跨媒体协同处理、人机协同增强智能、群体集成智能、自主智能系统成为人工智能的发展重点，受脑科学研究成果启发的类脑智能蓄势待发，芯片化、硬件化平台化趋势更加明显，人工智能发展进入新阶段。

当前，新一代人工智能相关学科发展、理论建模、技术创新、软硬件升级等整体推进，正在引发链式突破，推动经济社会各领域从数字化、网络化向智能化加速跃升。在新时代信息技术高速发展的过程中，人工智能的相关科技在全球范围内大放异彩，世界主要发达国家把发展人工智能作为提升国家竞争力、维护国家安全的重大战略，加紧出台规划和政策，力图在新一轮国际科技竞争中掌握主导权。

2012年9月，教育部印发《教育信息化十年发展规划（2011—2020年）》（教技〔2012〕5号），文件指出人类社会进入21世纪，信息技术已渗透到经济发展和社会生活的各个方面，推进教育信息化应该坚持的工作方针是：面向未来，育人为本。应用驱动，共建共享；统筹规划，分类推进；深度融合，引领创新。

2016年9月13日，教育部委托北京师范大学，联合国内高校近百位专家成立课题组，历时3年完成的《中国学生发展核心素养》研究成果发布，明确核心素养以培养“全面发展的人”为核心。

2017年1月，国务院印发《国家教育事业发展“十三五”规划》（国发〔2017〕4号），强调落实立德树人根本任务。培养学生创新创业精神与能力。7月，国务院印发《新一代人工智能发展规划》（国发〔2017〕35号），文件指出人工智能发展进入新阶段。实施全民智能教育项目，在中小学阶段设置人工智能相关课程，逐步推广编程教育，鼓励社会力量参与寓教于乐的编程教学软件、游戏的开发和推广。支持开展人工智能竞赛，鼓励进行形式多样的人工智能科普创作。

2018年4月，教育部印发《教育信息化2.0行动计划》（教技〔2018〕6号），文件要求贯彻落实《中共中央国务院关于全面深化新时代教师队伍建设改革的意见》，推动教师主动适应信息化、人工智能等新技术变革，积极有效开展教育教学；启动“人工智能＋教师队伍建设行动”；完善课程方案和课程标准，充实适应信息时代、智能时代发展需要的人工智能和编程课程内容；推动落实各级各类学校的信息技术课程，并将信息技术纳入初、高中学业水平考试；继续办好各类应用交流与推广活动，创新活动的内容和形式，全面提升学生信息素养。2018年8月，《教育部办公厅关于开展人工智能助推教师队伍建设行动试点工作的通知》文件中，要求通过开展人工智能助推教师队伍建设行动试点工作。

2019 年 2 月，中共中央、国务院印发《中国教育现代化 2035》，要求加快推进教育现代化、建设教育强国、办好人民满意的教育。3 月，教育部发布《关于实施全国中小学教师信息技术应用能力提升工程 2.0 的意见》（教师〔2019〕1 号），文件首句话就强调“信息技术应用能力是新时代高素质教师的核心素养”。5 月 16 日，习近平总书记在国际人工智能与教育大会上强调，把握全球人工智能发展态势，找准突破口和主攻方向，培养大批具有创新能力和合作精神的人工智能高端人才，是教育的重要使命。

二、课程设计意义

（一）普及青少年人工智能教育的任务和核心

人工智能是新一轮科技革命和产业变革的重要驱动力量，正深刻改变着人们的生产、生活、学习方式，推动人类社会迎来人机协同、跨界融合、共创分享的智能时代。把握全球人工智能发展态势，培养大批具有创新能力和合作精神的人工智能高端人才，是教育的重要使命。切实在中小学推进人工智能与教育融合创新发展，是人工智能时代赋予人工智能教育领域的重要使命，是普及人工智能教育示范课程建设的重大任务和核心工作之一。

（二）培养学生核心素养途径的实践和探索

《创意编程与智能设计课程》的开发及顺利实施对于培养学生的信息、创新等核心素养途径是有益的实践和探索。

（1）“科学精神”主要指学生在学习、理解、运用科学知识、技能等方面所形成的价值标准、思维方式和行为表现。

（2）“实践创新”主要是指学生在日常活动、问题解决、适应挑战等方面所形成的实践能力、创新意识和行为表现，具体包括劳动意识、问题解决、技术应用等基本要点。

（3）“信息意识”主要是指能自觉、有效地获取、评估、鉴别、使用信息；具有数字化生存能力，主动适应“互联网 +”等社会信息化发展趋势；

具有网络伦理道德与信息安全意识等。

（4）“问题解决”主要是指善于发现和提出问题，有解决问题的兴趣和热情；能依据特定情境和具体条件，选择制订合理的解决方案；具有在复杂环境中行动的能力等。

（5）“技术运用”主要是指理解技术与人类文明的有机联系，具有学习掌握技术的兴趣和意愿；具有工程思维，能将创意和方案转化为有形物品或对已有物品进行改进与优化等。

（三）科技综合国力提升对人才的诉求

2020 年，受到疫情的影响，我国经济社会面临前所未有的挑战。2020 年 3 月，中共中央政治局常务委员会召开会议提出“新基建”理念，旨在加快 5G 网络、人工智能、工业互联网、物联网等新型基础设施建设进度，人工智能建设包括人工智能基础教育建设，是新基建的重要组成部分。

（四）青少年人工智能教育对软硬件资源的需求

人工智能教育是在学校对学生开展人工智能方面的教育，人工智能是教育的内容或课程。中小学人工智能课程需要具备三个核心条件，一是教材、二是教具、三是教师，所以要提高中小学人工智能教育质量，就必须不断完善这三个条件，以推动中小学教育的现代化发展和改革。但目前大多数地区的青少年人工智能课程教育都处于起步阶段，经多方调研，目前普遍还存在没有统一人工智能教材、没有专业教师队伍、没有适合中小学的各种人工智能配套教学装备、没有独立安排人工智能课时、没有实验室场地等五大问题。这些问题极大地阻碍了中小学人工智能课程教育的全面开设，亟待解决。

三、目标与内容

为深入贯彻党的十九大和全国教育大会精神，落实《新一代人工智能发展规划》《教育信息化“十三五”规划》《教育信息化 2.0 行动计划》和未来教师培养行动要求，推动编程教育在基础教育领域的普及与开展，提升中小学在编程教育领域的研究与实践水平，促进新时代教师适应信息化、人工智能等新技术变革，响应教育部学校规划建设发展中心就开展未来学校创新发展课题研究的指导。

学生是一个对于新知识充满了汲取性的群体，有着极强的好奇心与求知欲，并且具备一定的创造力、动手能力和探究能力。由于学生在数学、工程技术方面的理论知识相对较少，对人工智能的原理缺乏了解，需要零起点教学。

创意编程与智能设计课程设计的主要内容为创意编程与智能设计，对于零基础的学生来说难点较低，入手相对比较简单。

四、活动内容

（一）活动目的

通过对《创意编程与智能设计课程》的学习，学生能够掌握简单的编程理论知识与动手实操方法，并通过“木制钢琴”的制作，学习编程知识，培养学生动手能力，并能利用自己的作品完整地弹奏一首小乐曲，以此促进每一个学生全面而有个性地发展。

（二）重点、难点、创新点

1. 重点

通过程序设定来实现按键的控制，并驱动扬声器来发出不同的音调。

2. 难点和创新点

Arduino 程序设计与激光切割机使用是本次活动的难点，对于学生有一定的挑战性。

五、课程内容设计

（一）课题一：认识开源硬件

1. 提出思考问题

（1）Arduino 是什么？ Arduino 可以做什么？

（2）开源硬件可以应用于生活中的哪些场景？

请同学们进行思考并讨论，总结最合理的答案，然后分享。

2.Arduino 的发展历史

Massimo Bunzi 是意大利伊夫雷亚交互设计学院的老师。在课程中学生们经常会用到一些微控制器去做实验研究，而他的学生们经常抱怨找不到便宜且好用的微控制器。所谓的微控制器就是单芯片微型计算机。微控制的作用在于将一些硬件设备连接在一起，并通过给微控制器编程实现对整体电路进行控制，进而实现整体设备自动化运行的过程。比如生活中常见的一些电器设备，它们内部都有微控制器的身影，这些微控制器就是电器设备工作的核心。

对于学生的诉求 Massimo 一直铭记于心，有一天 Massimo 突发奇想，和他的几个好友表达了想制作一款自己设计的微控制器，他们一拍即合决定共同为学生开发一款应用于日常教学的微控制器，并且单独为这款电路板设计了编程语言，利用编程语言就可以对这个微控制器进行简单的控制。Massimo 喜欢去一家名叫“di Re Arduino”的酒吧，因此将这款微控制器命名为 Arduino。

3. 开源硬件

随后 Massimo 和他的几个好友把 Arduino 的设计图放到了网上。为了保持设计的开放源码理念，他们决定采用 Creative Commons（CC）的授权方式公开硬件设计图。在这样的授权下，任何人都可以生产电路板的复制品，甚至还能重新设计和销售原设计的复制品，并且无须支付任何费用，甚至不用取得开发团队的许可。然而，如果重新发布了引用设计，就必须声明原始 Arduino 团队的贡献。如果修改了电路板，则最新设计必须使用相同或类似的 Creative Commons（CC）的授权方式，以保证新版本的 Arduino 电路板也会一样是自由和开放的。被保留的只有 Arduino 这个名字，它被注册成了商标，在没有官方授权的情况下不能使用它。像 Arduino 一样公开源程序和设计电路的硬件设备统称为开源硬件。

4. 认识 Arduino

Arduino 是一款便捷灵活、方便上手的开源电子原型平台，包含硬件（各种型号的 Arduino 板）和软件（Arduinoy IDE）。由一个欧洲开发团队于 2005 年冬季开发，其成员包括 Massimo Banzi、David Cuartielles、Tom Igoe、Gianluca Martino、David Mellis、Nicholas Zambetti 等。

它构建于开放原始码 simple I/O 介面版，并且具有使用类似 Java、C 语言的 Processing/Wiring 开发环境。主要包含两个部分：硬件部分是可以用作电路连接的 Arduino 电路板；另外一个则是 Arduino IDE，计算机中的程序开发环境。只要在 IDE 中编写程序代码，将程序上传到 Arduino 电路板后，程序便会告诉 Arduino 电路板要做些什么了。

Arduino 能通过各种各样的传感器来感知环境，通过控制灯光、马达和其他装置来反馈、影响环境。板子上的微控制器可以通过 Arduino 的编程语言来编写程序，编译成二进制文件，烧录进微控制器。对 Arduino 的编程是通过 Arduino 编程语言 (基于 Wiring) 和 Arduino 开发环境 (基于 Processing) 来实现的。基于 Arduino 的项目，可以只包含 Arduino，也可以包含 Arduino 和其他一些在 PC 上运行的软件，它们之间通过通信 (比如 Flash、Processing、MaxMSP) 来实现。

5.Arduino 的特点

（1）跨平台。Arduino IDE 可以在 Windows、Macintosh OS X、Linux 三大主流操作系统上运行，而其他的大多数控制器只能在 Windows 上开发。

（2）简单清晰。Arduino IDE 基于 Processing IDE 开发。对于初学者来说，极易掌握，同时有着足够的灵活性。Arduino 语言基于 Wiring 语言开发，是对 AVR-GCC 库的二次封装，不需要太多的单片机基础、编程基础，简单学习后即可快速进行开发。

（3）开放性。Arduino 的硬件原理图、电路图、IDE 软件及核心库文件都是开源的，在开源协议范围内里可以任意修改原始设计及相应代码。

（4）发展迅速。Arduino 不仅仅是全球最流行的开源硬件，也是一个优秀的硬件开发平台，更是硬件开发的趋势。Arduino 简单的开发方式使得开发者更关注创意与现实，更快地完成自己的项目开发，大大节约了学习的成本，缩短了开发的周期。

因为 Arduino 的种种优势，越来越多的专业硬件开发者已经或开始使用 Arduino 来开发他们的项目、产品；越来越多的软件开发者使用 Arduino 进入硬件、物联网等开发领域；大学课题、自动化、软件，甚至艺术专业，也纷纷开设了 Arduino 相关课程。

6.Arduino 编程软件

图形化编程软件“Mixly”通过积木式的编程方法，将代码简单化，更加适合初学者进行使用，本课程也是以此软件为基础进行学习，软件界面如图 6-1。

图 6-1　Mixly 用户界面。

（二）课题二：音乐大师

1. 认识 Arduino Uno

Arduino Uno 配备了可与各种扩展板和其他电路连接的数字和模拟输

入 / 输出引脚组。该开发板具有 14 个数字 I / O 引脚和 6 个模拟 I / O 引脚，可通过 B 型 USB 电缆使用 Arduino IDE 进行编程（图 6-2）。

图 6-2　Arduino Uno 主控版。

2. 认识扬声器

扬声器是一种把电信号转变为声信号的元器件，扬声器的性能优劣对音质的影响很大。音频电能通过电磁压电或静电效应，使其纸盆或膜片振动并与周围的空气产生共振（共鸣）而发出声音（图 6-3）。

图 6-3　扬声器。

扬声器在音响设备中是一个最薄弱的器件，而对于音响效果而言，它又是一个最重要的部件。扬声器的种类繁多，而且价格相差很大。在本项目中使用的是一个简易的扬声器，可以通过 Arduino 输出不同频率来控制其音调。

3. 音乐大师

本项目将通过 Arduino Uno 板来驱动扬声器，并尝试着让扬声器设备播放出《两只老虎》的音乐。

为了实现声音的播放，在项目开始时尝试利用 Arduino 驱动扬声器发出声音，并通过修改输出信号的值达到声音和音调的调节功能。扬声器属于数字设备，在 Arduino 中应接入数字接口。首先尝试着将扬声器接入 Arduino 的数字接口。同时还需给扬声器设备供电，因此还需要接入 GND 和 VCC 两个接口。当硬件接入完成后可以尝试给 Arduino 下达指令，让其控制扬声器播放不同的音调。使用不同的代码块（图 6-4），尝试利用数字输出语句、模拟输出语句或播放声音的专用语句来解决问题。

想一想：哪一条语句可以让扬声器播放不同的声音？利用播放声音专用控制语句可否驱动扬声器发出不同的音效？

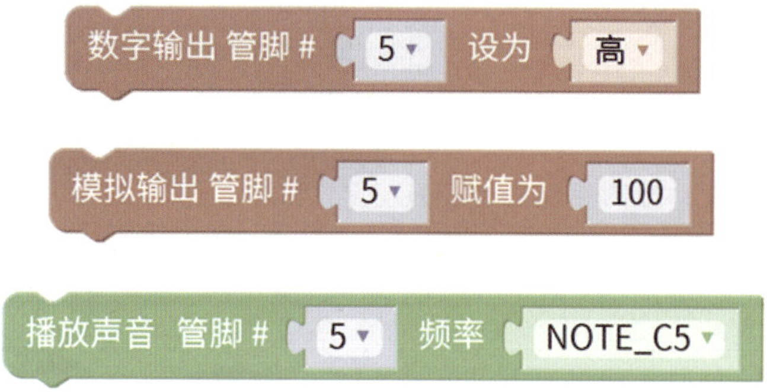

图 6-4　声音播放代码块。

通过实验可以发现利用“播放声音语句块”播放声音，并且通过更改“播放声音语句块”的参数可以播放不同音调的声音，语句块的原理是通过更改电流的输出频率实现不同音调调节。

练一练：尝试着根据频率与音调对应信息表，通过修改代码块的参数实现播放不同音调的声音（表 6-1）。

表6-1　频率与音调对应信息

低1	低2	低3	低4	低5	低6	低7
C3	D3	E3	F3	G3	A3	B3
1	2	3	4	5	6	7
C4	D4	E4	F4	G4	A4	B4
高1	高2	高3	高4	高5	高6	高7
C5	D5	E5	F5	G5	A5	B5

做一做：尝试着根据《两只老虎》的简谱实现乐曲的播放（图 6-5）。

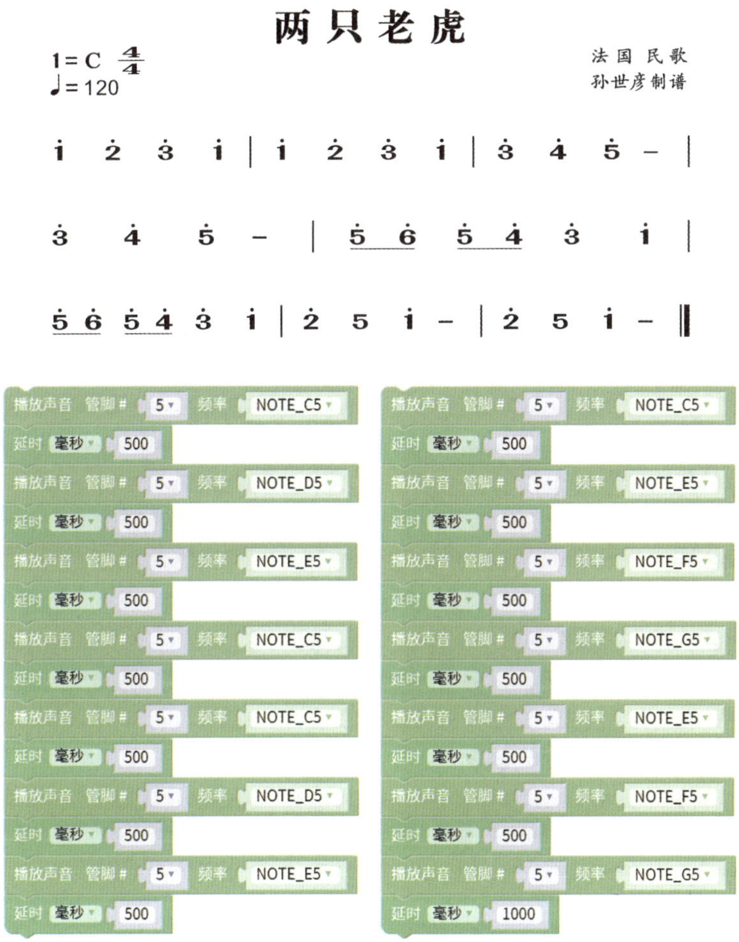

图 6-5 《两只老虎》乐谱及控制语句。

（三）课题三：木制钢琴

完成了木制钢琴的程序设计后，还需要给木制钢琴制作一个模型，利用激光切割技术或 3D 打印技术可以将外观设计变为现实。为了实现木制刚琴的外型，本项目选用激光切割机方案，利用图形软件对木制刚琴的外型进行设计，按照设定好的图纸进行高精度的切割。

1. 木制钢琴结构设计

在材料的选择上可以利用 3mm 椴木板作为钢琴的结构材料，选择椴木板的原因在于其价格优势，适合于 STEAM 的课程投入；其具有普适性的特点，使用普通的切割机可以有效地进行切割。在选择好材料后，接下来可以利用绘图软件对结构图进行绘制，如图 6-6 所示。

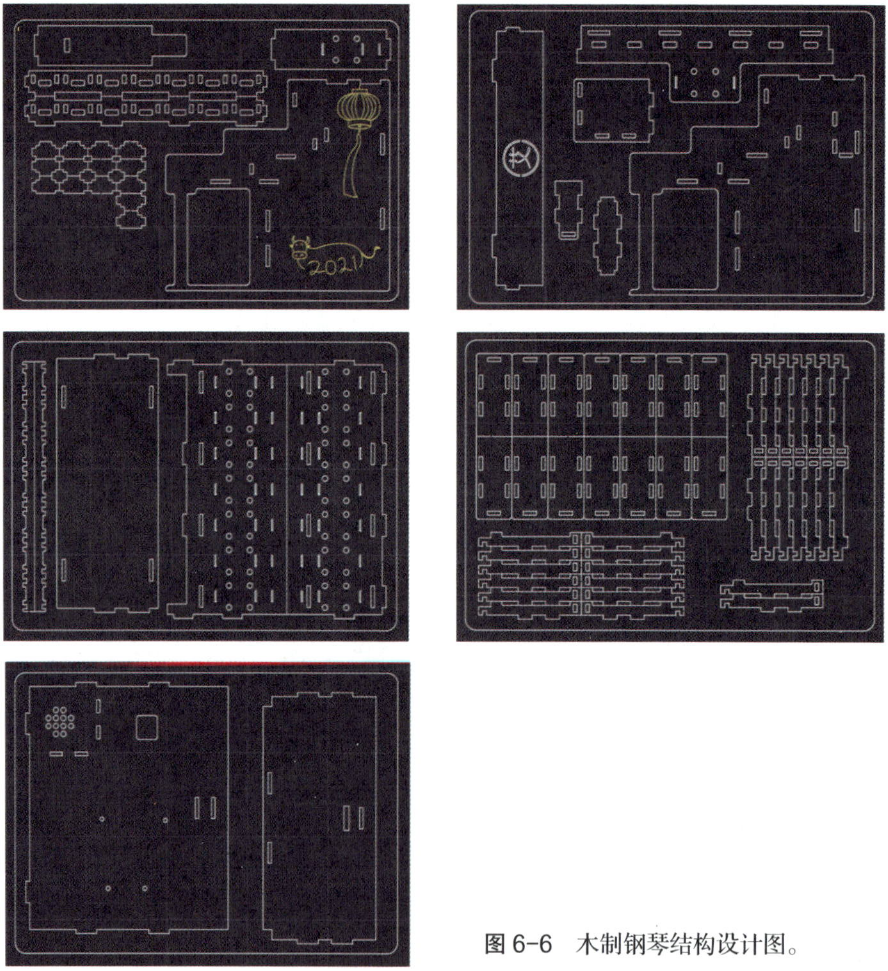

图 6-6　木制钢琴结构设计图。

最后通过激光切割机对 3mm 椴木板进行切割雕刻，打印外壳（图 6-7）。

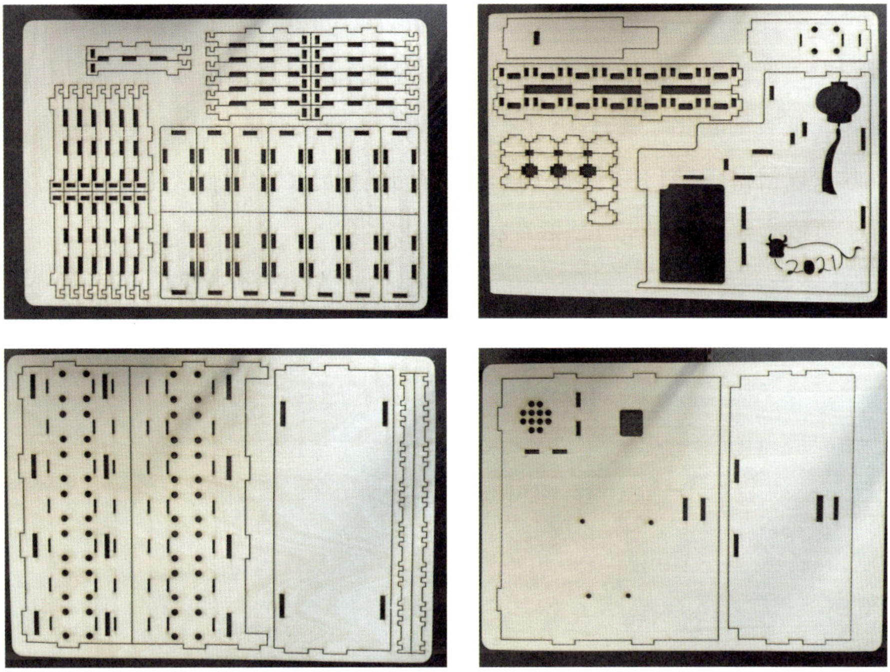

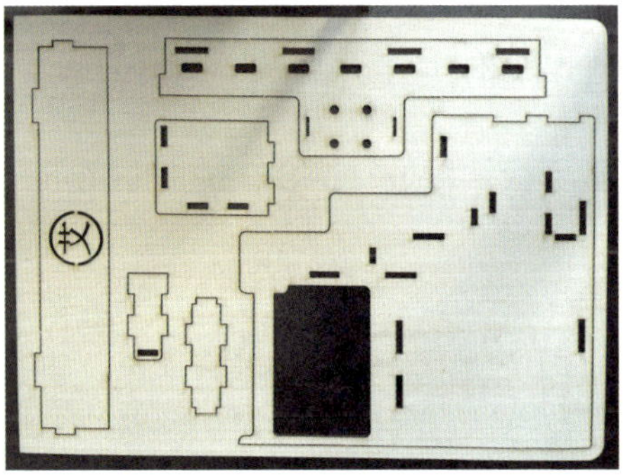

图 6-7 椴木板木琴结构雕刻实物。

2. 硬件组装

最后进入组装环节，在本环节需要对前面切割的木质结构进行黏合连接，同时还需要将 Arduino 电子元器件进行线路连接。

（1）元器件连线。依据 PBL 项目的功能设计，将元器件与拓展板进行连接（图 6-8）。

本项目设计的钢琴按键是 14 个，所以需要利用 14 个按键模块来分别控制中、低音的 1~7 音调，再加 1 个按键用来控制切换按键的音调，达到高音与低音的转化，共计 15 个按钮。同时，利用全彩 LED 灯进行标识，此时可以根据全彩 LED 灯的不同颜色进行高低音的标识，这样设计的目的在于可以有效地查看此时是低音状态还是高音状态。

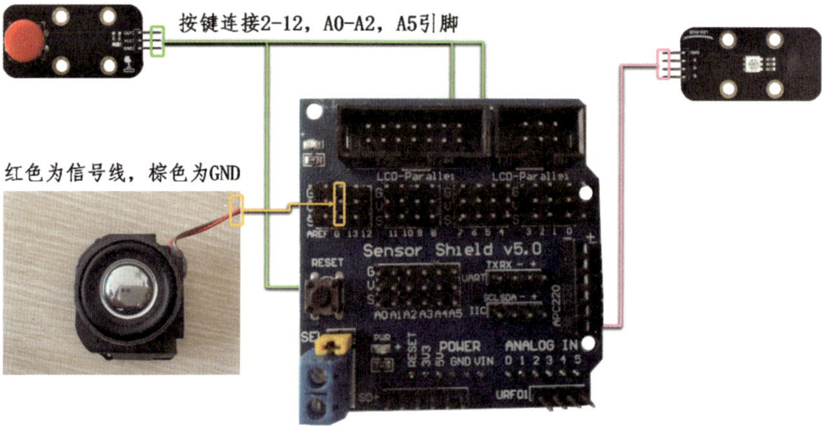

图 6-8　元器件连线图。

（2）结构安装。将电子模块与3mm椴木板结构进行结合，拼搭外壳。

第一步：制作键帽（图 6-9）。

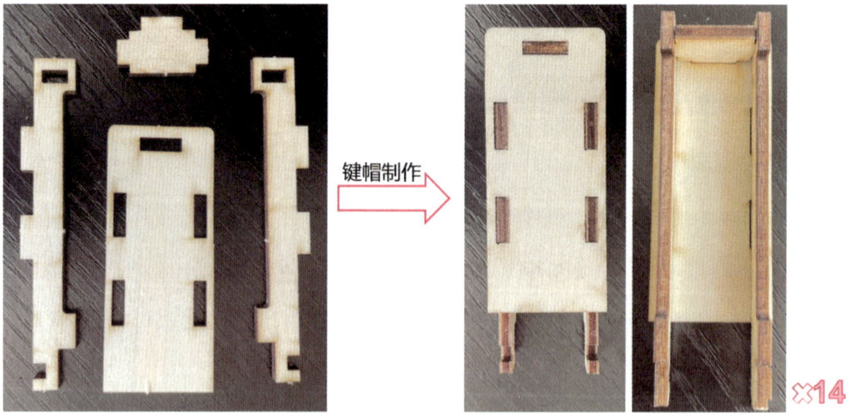

图 6-9　制作键帽。

第二步：确认键位（图 6-10）。

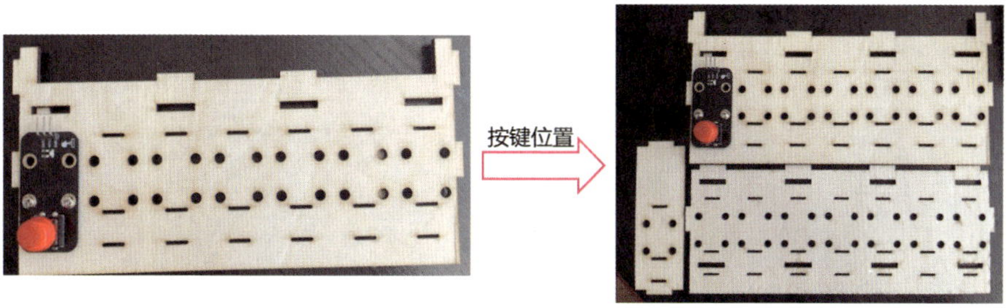

× 15

图6-10　确认键位。

第三步：安装主控板(图6-11）。

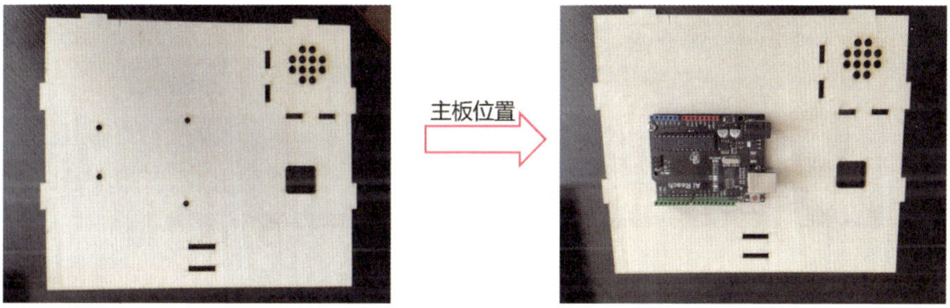

图 6-11　安装主控板。

第四步：安装扬声器（图 6-12）。

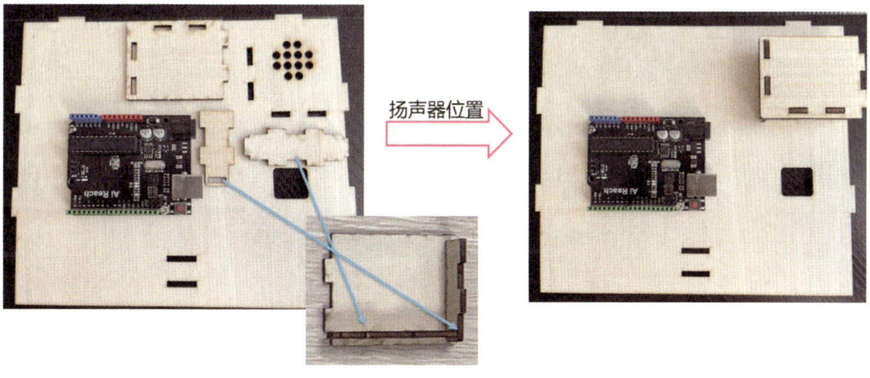

图 6-12　安装扬声器。

第五步：安装光线传感器（图 6-13）。

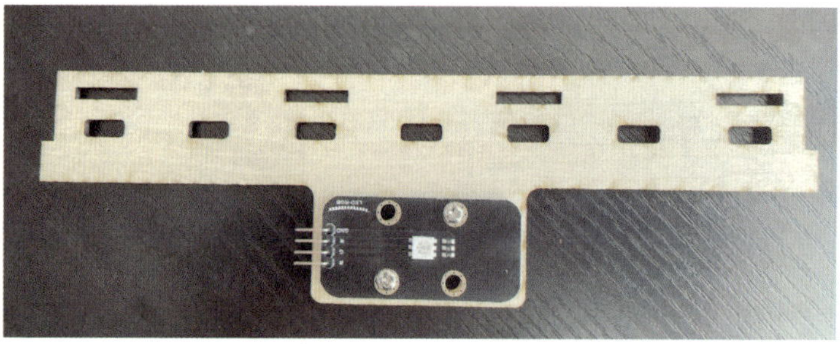

图 6-13　安装光线传感器。

第六步：排列琴键（图 6-14）。

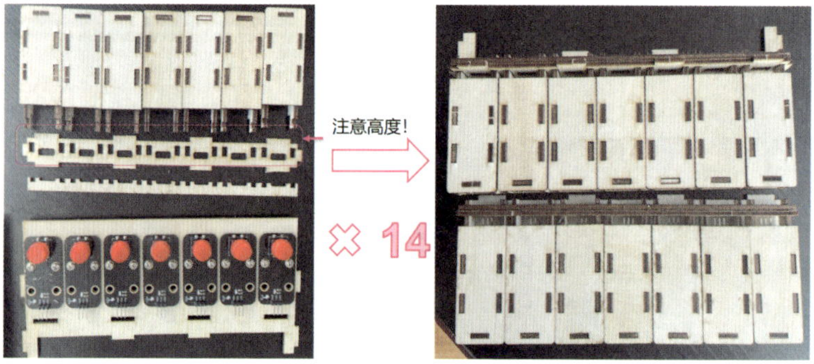

图 6-14　排列琴键。

第七步：组合键盘（图 6-15）

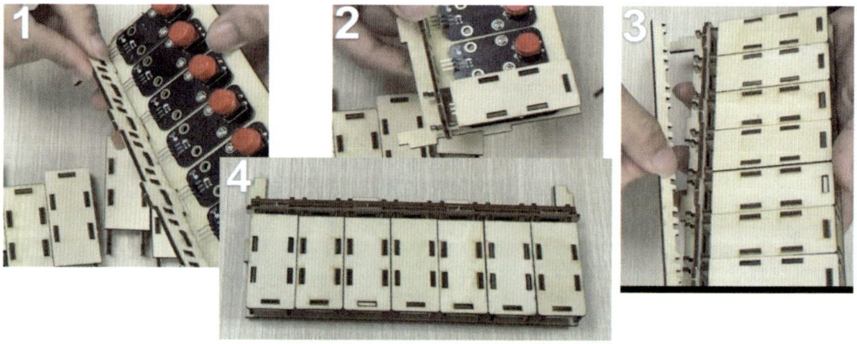

图 6-15　组合键盘。

第八步：排列双层键盘（图 6-16）。

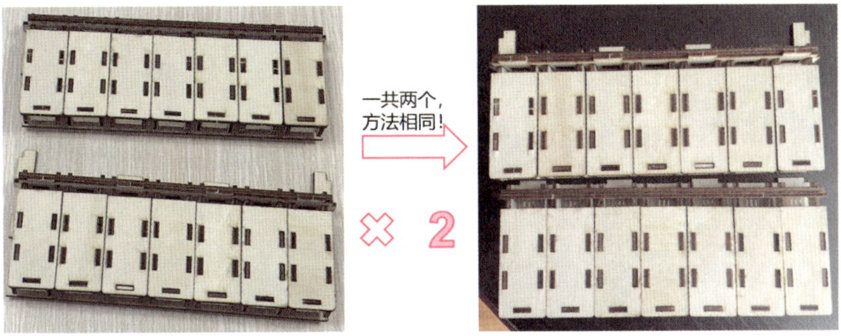

图 6-16　排列双层键盘。

第九步：固定键盘位置（图 6-17）。

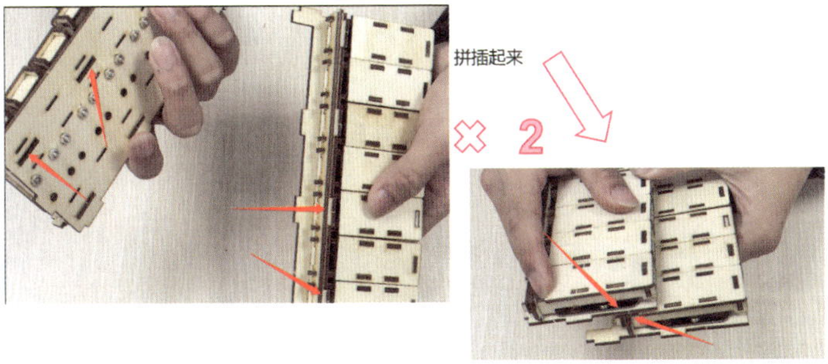

图 6-17　固定键盘位置。

第十步：核对键盘排列（图 6-18)。

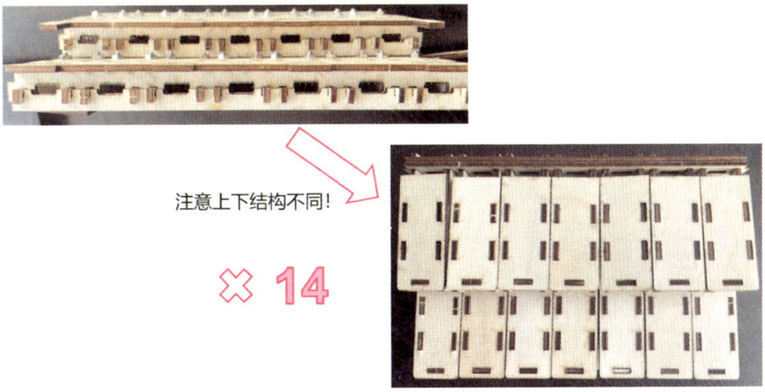

图6-18　核对硬盘排列。

第十一步：拼装踏板（图 6-19）。

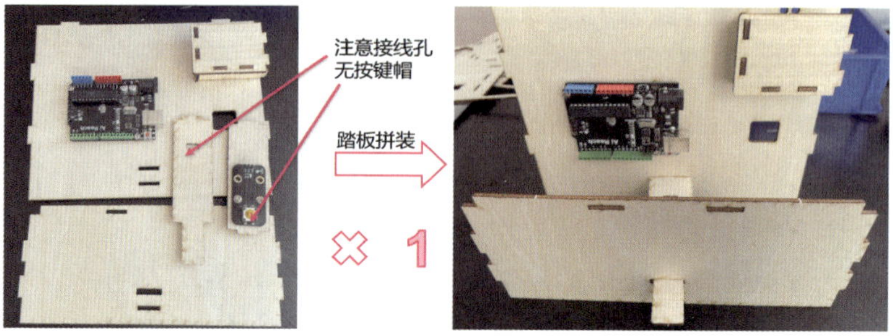

图 6-19　拼装踏板。

第十二步：整体组装（图 6-20）。

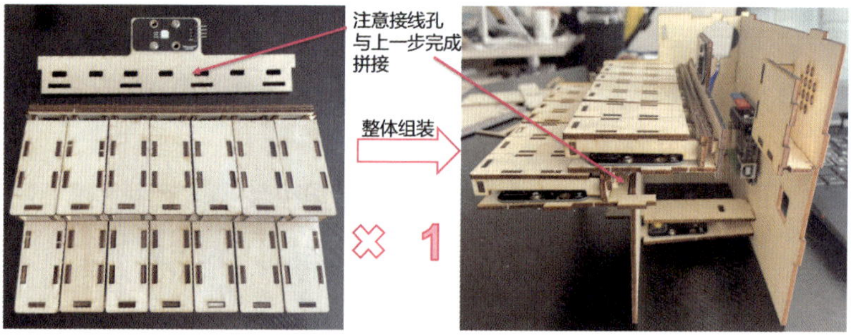

图 6-20　整体组装。

第十三步：拼装检查（图 6-21）。

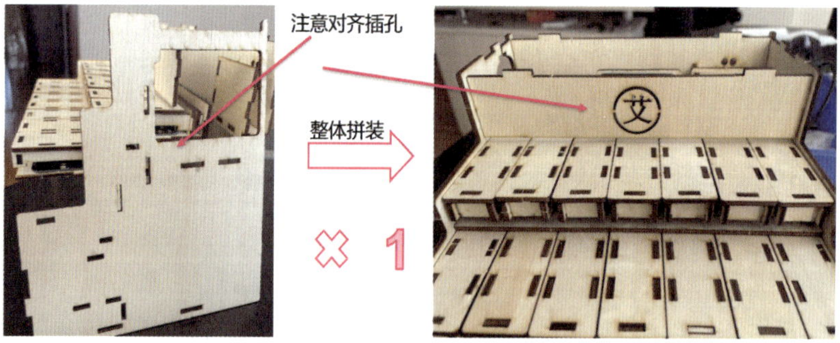

图 6-21　拼装检查。

结构拼搭全部完成，钢琴的整体外观已经成型，项目的结构件数量较多，拼搭的过程需要将每个部件都进行黏合（图 6-22）。

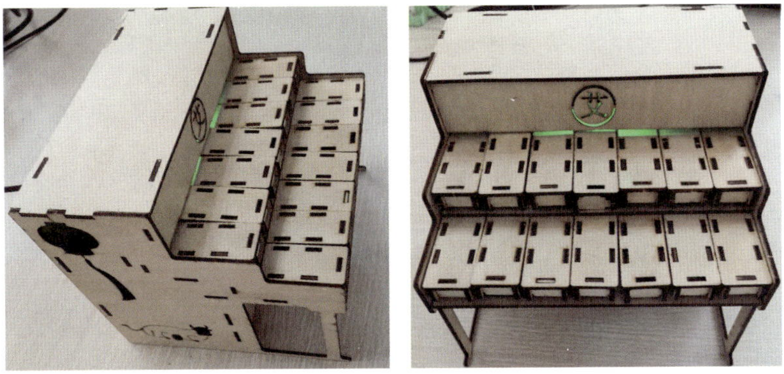

图 6-22　木制钢琴成品图。

3. 程序编写

通过按键来控制扬声器响起不同音调，其中需要用到两个变量来存储切换高低音的状态数据，改变全彩 LED 颜色的数据和设定延时的时长数据，编写程序如图 6-23 所示。

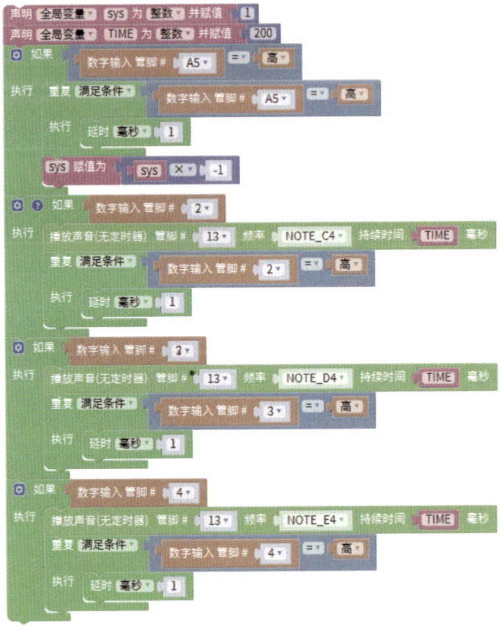

图 6-23　通过按键控制扬声器的程序编写（待续）。

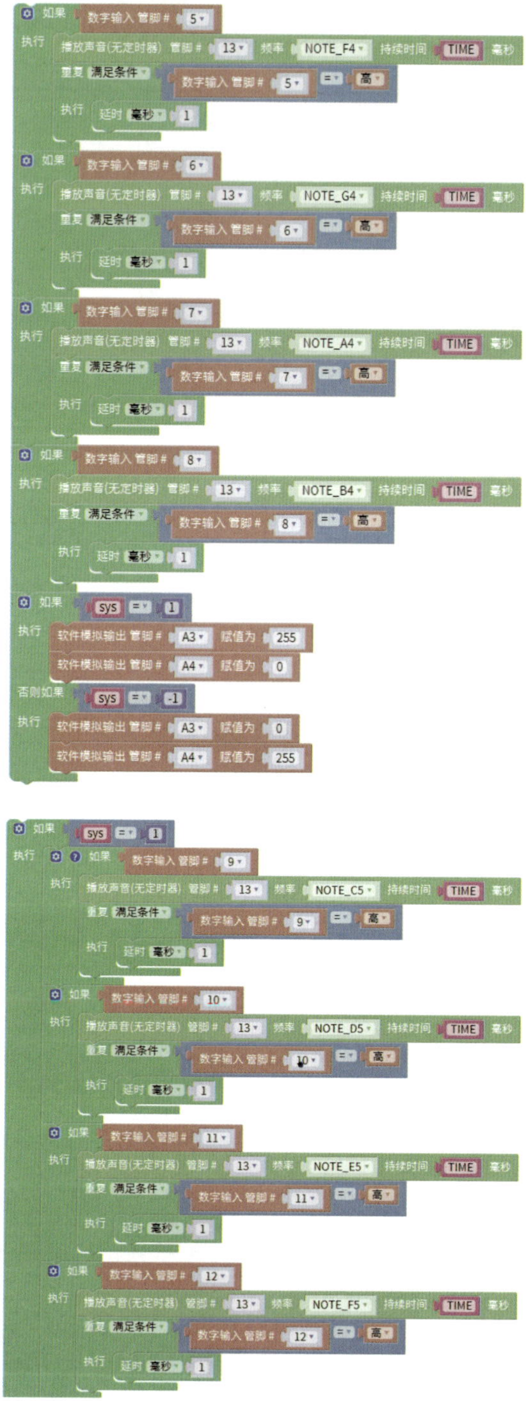
如果 数字输入 管脚 # 5
执行 播放声音(无定时器) 管脚 # 13 频率 NOTE_F4 持续时间 TIME 毫秒
重复 满足条件 数字输入 管脚 # 5 = 高
执行 延时 毫秒 1
如果 数字输入 管脚 # 6
执行 播放声音(无定时器) 管脚 # 13 频率 NOTE_G4 持续时间 TIME 毫秒
重复 满足条件 数字输入 管脚 # 6 = 高
执行 延时 毫秒 1
如果 数字输入 管脚 # 7
执行 播放声音(无定时器) 管脚 # 13 频率 NOTE_A4 持续时间 TIME 毫秒
重复 满足条件 数字输入 管脚 # 7 = 高
执行 延时 毫秒 1
如果 数字输入 管脚 # 8
执行 播放声音(无定时器) 管脚 # 13 频率 NOTE_B4 持续时间 TIME 毫秒
重复 满足条件 数字输入 管脚 # 8 = 高
执行 延时 毫秒 1
如果 sys = 1
执行 软件模拟输出 管脚 # A3 赋值为 255
软件模拟输出 管脚 # A4 赋值为 0
否则如果 sys = -1
执行 软件模拟输出 管脚 # A3 赋值为 0
软件模拟输出 管脚 # A4 赋值为 255
如果 sys = 1
执行 如果 数字输入 管脚 # 9
执行 播放声音(无定时器) 管脚 # 13 频率 NOTE_C5 持续时间 TIME 毫秒
重复 满足条件 数字输入 管脚 # 9 = 高
执行 延时 毫秒 1
如果 数字输入 管脚 # 10
执行 播放声音(无定时器) 管脚 # 13 频率 NOTE_D5 持续时间 TIME 毫秒
重复 满足条件 数字输入 管脚 # 10 = 高
执行 延时 毫秒 1
如果 数字输入 管脚 # 11
执行 播放声音(无定时器) 管脚 # 13 频率 NOTE_E5 持续时间 TIME 毫秒
重复 满足条件 数字输入 管脚 # 11 = 高
执行 延时 毫秒 1
如果 数字输入 管脚 # 12
执行 播放声音(无定时器) 管脚 # 13 频率 NOTE_F5 持续时间 TIME 毫秒
重复 满足条件 数字输入 管脚 # 12 = 高
执行 延时 毫秒 1

图 6-23（续）

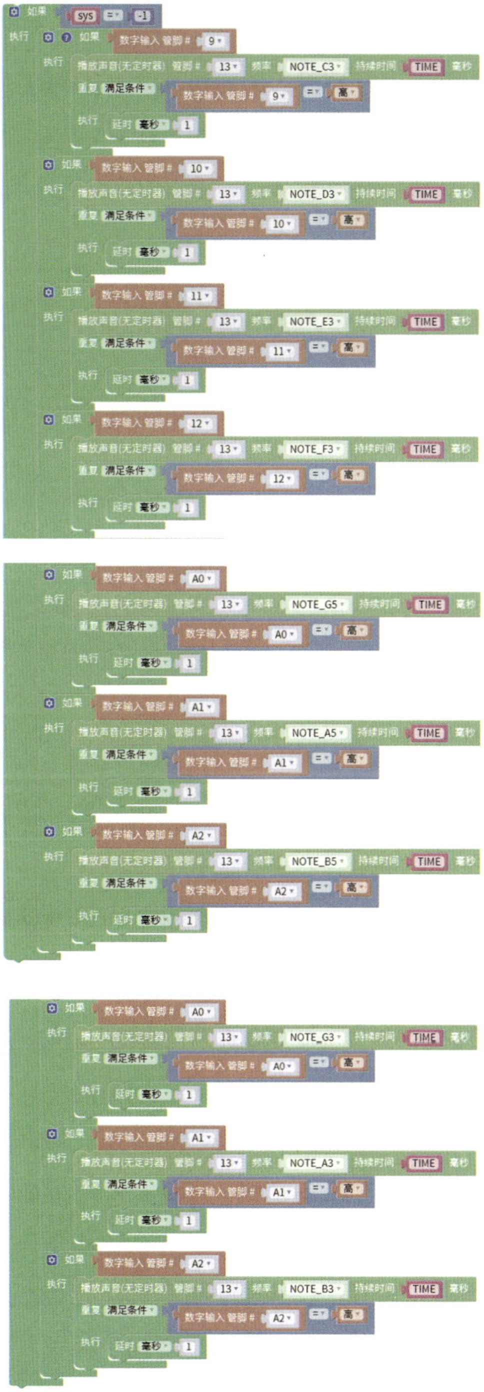
如果 sys = -1
执行
如果 数字输入 管脚 # 9
执行 播放声音(无定时器) 管脚 # 13 频率 NOTE_C3 持续时间 TIME 毫秒
重复 满足条件 数字输入 管脚 # 9 = 高
执行 延时 毫秒 1
如果 数字输入 管脚 # 10
执行 播放声音(无定时器) 管脚 # 13 频率 NOTE_D3 持续时间 TIME 毫秒
重复 满足条件 数字输入 管脚 # 10 = 高
执行 延时 毫秒 1
如果 数字输入 管脚 # 11
执行 播放声音(无定时器) 管脚 # 13 频率 NOTE_E3 持续时间 TIME 毫秒
重复 满足条件 数字输入 管脚 # 11 = 高
执行 延时 毫秒 1
如果 数字输入 管脚 # 12
执行 播放声音(无定时器) 管脚 # 13 频率 NOTE_F3 持续时间 TIME 毫秒
重复 满足条件 数字输入 管脚 # 12 = 高
执行 延时 毫秒 1
如果 数字输入 管脚 # A0
执行 播放声音(无定时器) 管脚 # 13 频率 NOTE_G5 持续时间 TIME 毫秒
重复 满足条件 数字输入 管脚 # A0 = 高
执行 延时 毫秒 1
如果 数字输入 管脚 # A1
执行 播放声音(无定时器) 管脚 # 13 频率 NOTE_A5 持续时间 TIME 毫秒
重复 满足条件 数字输入 管脚 # A1 = 高
执行 延时 毫秒 1
如果 数字输入 管脚 # A2
执行 播放声音(无定时器) 管脚 # 13 频率 NOTE_B5 持续时间 TIME 毫秒
重复 满足条件 数字输入 管脚 # A2 = 高
执行 延时 毫秒 1
如果 数字输入 管脚 # A0
执行 播放声音(无定时器) 管脚 # 13 频率 NOTE_G3 持续时间 TIME 毫秒
重复 满足条件 数字输入 管脚 # A0 = 高
执行 延时 毫秒 1
如果 数字输入 管脚 # A1
执行 播放声音(无定时器) 管脚 # 13 频率 NOTE_A3 持续时间 TIME 毫秒
重复 满足条件 数字输入 管脚 # A1 = 高
执行 延时 毫秒 1
如果 数字输入 管脚 # A2
执行 播放声音(无定时器) 管脚 # 13 频率 NOTE_B3 持续时间 TIME 毫秒
重复 满足条件 数字输入 管脚 # A2 = 高
执行 延时 毫秒 1

图 6-23（续）

4. 乐曲演奏

现在一架木制钢琴已经完成，通过按下按键即可实现播放声音，根据以下简谱，尝试弹奏一些简单的乐曲，如《新年好》（图 6-24）。当然也可以从网上找一些简谱进行弹奏。

图 6-24 《新年好》曲谱。

六、学习评价

通过问题导向型、任务导向型的学习，引导学生开展基于开源硬件功能实现的智能设计，通过编程与硬件的结合，创作出一架属于自己的木制钢琴。不仅锻炼了学生的动手能力，更让他们在整个过程中体验到了人工智能与课程制作相结合的乐趣。

遵循指导性原则、科学性原则和发展性原则，进行质性评价，用发展的眼光对学生进行个性评价。以此完成对活动效果的评价，调查参加活动的学生是否想进一步了解创意编程与智能设计。评价学生通过观察提出问题、搜索信息、搜集材料、交流互动、合作学习等方面的能力和科学素养是否得以提高，是否养成了乐于学习科学、乐于动手探究的态度，是否养成了科学的思维习惯，对科学技术的功用和风险有清晰的认识，是否理解科学与社会之间的复杂联系，是否进一步增强了科学态度和责任，进而对开设本课程的意义进行综合评价。

七、过程留影（图 6-25 至 6-27）

图 6-25 木制钢琴授课连接元器件。

图 6-26 木制钢琴授课程序设计。

图6-27 木制钢琴授课连接主控板。

第 7 章　自主探究发展核心素养综合实践活动

活动设计开发人员：朱纯普

设计单位：天津市滨海新区大港第一中学

指导教师：天津经济技术开发区国际学校　赵立群

适用年级：10~12 年级

一、活动背景

1999 年 6 月，《中共中央国务院关于深化教育改革全面推进素质教育的决定》中明确指出："教育工作者要转变教育观念，改革人才培养模式。培养学生的科学精神和创新的思维习惯。"

2001 年 5 月 29 日，国务院发布《关于基础教育改革与发展的决定》，要求中小学增设信息技术教育课和综合实践活动，中学设置选修课。普通高中要设置技术类课程，中小学都要积极开展科学技术普及活动。

2014 年，教育部印发《关于全面深化课程改革落实立德树人根本任务的意见》，提出"教育部将组织研究提出各学段学生发展核心素养体系，明确学生应具备的适应终身发展和社会发展需要的必备品格和关键能力。"

2016 年，教育部学生发展核心素养研究协作组最终确立学生发展六大核心素养，即人文底蕴、科学精神、学会学习、健康生活、责任担当、实践创新，并细化为十八个基本要点。

2017 年 9 月，为充分发挥中小学综合实践活动课程的育人功能，教育部印发《中小学综合实践活动课程指导纲要》，综合实践活动是国家义务教育和普通高中课程方案规定的必修课程，是贯彻落实党的教育方针的重要举措，是提升学生综合素质的主要抓手，对于当前贯彻落实党的十九大精神，全面推进素质教育具有重要意义。

天津市滨海新区大港第一中学始建于 1982 年 7 月，是天津市首批重点中学、首批示范高中、首批特色高中。学校秉承“立足学生自我发展，适合就是最好的教育”的办学理念，自 2002 年开始鼓励各学科教师开展研究性学习课程，近年来更是积极构建艺术、科技、劳动教育课程体系，拓宽学校立德树人的途径，提高课程育人效能。

二、活动主题及意义

（一）活动主题：培养科学探究精神 提升创新实践能力

2017 年 5 月，滨海新区教体局开展“走近创客 体验创新”科技教育专项活动。在先进理念的引领下、专项资金的支持下，助推学校科技教育活动的开展如火如荼。尤其在当年的区、市级科技创新大赛等科技类竞赛活动中取得了一些成绩，点燃了教师与学生的参与热情，学校科技教育活动上了一个新台阶。因此，以“培养科学探究精神、提升创新实践能力”为目标的综合实践活动，顺应时代潮流，符合学校办学理念及发展学生核心素养要求。

（二）活动意义

高中阶段作为学生学习生涯中的重要阶段，是学生学习过程中的关键时期，将对学生以后的生活与工作产生重要影响。尤其在高中阶段，学科知识划分越来越清晰，致使单一学科知识体系的教学与评价有些片面，甚至不完善。孤立地去学好某一科知识对培养全面发展的人、社会主义建设的优秀接班人有很大弊端。纵观历史长河，优秀的科学家、成功人士基本上都是多种学科知识兼顾，综合运用多学科知识去解决问题。任何事情的成功都不仅仅依靠某一种能力的实现，而是需要借于多种能力结合。所以单一技能的运用已经无法支撑未来人才的发展，未来，我们需要的是综合型人才。

因此，通过本活动培养学生的科学精神及实践创新能力，使其适应终身发展和社会发展需要的必备品格和关键能力，特别是对学生核心素养中的“科学精神”及“实践创新”两大素养的落实具有积极意义。

三、项目确定及目标

（一）项目名称：基于学生科技创新项目开展的自我探究发展核心素养

综合实践活动是 STEAM 教育理念的有效载体，能激发起学生好奇的天性和主动探究的能力。学生以科技创新大赛项目的选题为驱动，基于创意，训练学生的思维；基于课程，增强学生的合作意识与参与热情；基于产品，引领学生的生活；基于艺术，顺应时代的发展，是培养学生科学精神、创新能力等核心素养及提升科技强国意识的有效尝试。

基于学生科技创新项目开展的自我探究发展核心素养综合实践活动是围绕天津市大港第一中学学生参加创新大赛的创新项目研究的问题而开展的项目式学习，确定此活动选题原因如下。

学生如果能提出一个可研究的问题，那他一定是对这个问题进行过思考的，一定问过自己很多为什么，同样也想过很多解决方案。围绕这个问题开展项目式研究，学生参与度一定会很高，主动性会很强。

很多学生想参加科技创新竞赛，但苦于自己没有想法、没有创意，放弃了科技创新活动的参与过程。所以借助往届学生提出的问题让学生有项目可做，在实践中提升自己的认知，便于形成新的选题。

以往科技创新项目的选题经过调研及讨论，具有一定参与价值。但因受学生的知识储备、操作技能、参与精力等因素影响，往往在短时间内无法完成项目或者项目完成质量不高。如有学生继续接力这个项目，可以保证课题的延续性及未来完成度。

同一问题在不同阶段的学生会有不同的理解及设计思路，相互补充有利于优化项目，物化作品达到更高层次。同时便于教师对每届学生科技素养观察及培养方式的改进。

（二）项目目标

1. 价值体认

坚持立德树人、实践育人的教育原则。

突出学校自我发展教育特色校教育理念。

紧扣科技改变生活、创新引领未来的时代脉搏。

2. 责任担当

增强创新意识，唤醒创新使命，培植改革创新的核心素养。

激发兴趣，提高参与的积极性。

科技强国，有我才行。

通过项目活动，培养学生关爱自我、关爱他人、关爱社会的情感品质。

3. 问题解决

体验科技创新项目活动研究的过程与方法，逐步养成科学的思维习惯。

主动参与学习，运用多学科知识解决问题，提升综合能力。

将问题转化为研究课题，提出解决办法，运用知识与技术物化成果。

4. 创意物化

多维度多视角分析问题，将问题解决过程升级为多学科知识与技能学习活动。

加强技术学习，提高实践能力，将最终成果物化为可见作品。

加入艺术创作，提升作品的观赏性及美感。

5. 教师发展目标

提高教师运用跨学科思维思考问题、综合各学校领域知识解决问题的能力。

提升教师运用多种教学方式在综合实践活动课程中的实践能力。

提升教师科技创新教育能力与综合实践活动教学的课程开发能力。

加强科学知识的传播与普及，有助于科技教育活动的开展。

加强教师在课程实施中的学生科研能力评价及课程评价能力。

四、课程实施设计

阶段一：课前准备阶段

（一）教学模式确立

1. 问题驱动下的项目式教学法

项目式教学法是以学生为主体的教学方法，是一种通过让学生展开一段时间的调研、探究，致力于用创新的方法或方案，解决一个真实的、复杂的问题、困难或者挑战，从而在这些真实的经历和体验中习得新知识和获取新技能的教学方法，是基于问题的学习，简称 PBL（problem based learning 的首字母简写）。PBL 教学法旨在培养学生的创意思维、创新能力、自主学习能力及批判思维的能力。

2. 案例导引下的自主学习法

学生依据教师提供的案例课程，根据个人需求有针对性地自主性学习知识与技术。教师于学生学习过程中扮演着指导者和激励者的角色，鼓励学生积极参与讨论。这种方式使得学生可以根据个人需求有针对性地学习知识或技术，提高学习效率；有助于培养和发展学生主动参与课堂讨论，促进交流能力的提高；有助于提升个人成就感，激励自己超越他人的内动力，从而促进学习。

（二）创新项目选题

1. 选题原则

选题要具有科学性、实用性、创新性，符合时代潮流，通过努力学习可以运用科学知识和技能完成项目。

选题要贴近生活，围绕学生遇到过或未来可能遇到的问题开展，具有价值的普遍性。

每年度的项目选择要形成梯度，以便不同知识层面及操作能力的同学逐级适应挑战，从而形成实践能力、创新意识。

选题围绕“关爱自我、关爱他人、关爱社会”三个方面确定，凸显科技改变生活的价值，培养关爱他人、关爱社会的主人翁责任感。

选题只是参考不是指定，鼓励学生用自己的双眼与智慧发掘有价值的项目，提升个人的想象力与创造力。

2. 参考问题

以 2018 年度综合实践活动提供的创新项目选题为例。除那届学生自己提出的问题外，教师为没有可研究问题的同学按问题解决涉及学科知识、难易程度、可扩展性等方面提供以下 9 个问题作为参考。

（1）关爱自我：让科技改变生活，提高生活品质。

问题一：炎热的夏日，酷暑高温让人们难耐。虽然空调已经进入千家万户，但很多人还是更喜欢用风扇来降温。可是现有风扇功能的单一性，往往无法给人以更加舒适、便捷的使用体验。

问题二：漂亮花卉可以给人美的享受，个人养花需要投入很多的精力，尤其是很多名贵的花更需要特殊的照顾。我喜欢养花，但每年寒暑假都要回老家，一走就是一个月，再好的花等我回来也死了，总是心疼不已。

问题三：在卫生间坐在马桶上的时候才发现需要打开排风扇，然而排风扇开关离马桶距离比较远，不好来操作，只好忍受如厕时的刺激气味带来的困扰。如厕后再打开排风扇，又经常忘记关掉，如果忘记关闭，可能就是一天，既浪费电又有安全隐患。

（2）关爱他人：用科技帮助他人，提升自己的境界。

问题四：家里有婴幼儿的人都有过这样的经历。在就餐时婴幼儿往往都非常着急，饭菜刚做好就急着要吃，他们不知道食物过热带来的危害。家长此时基本都是用工具搅拌或者用嘴吹气来给饭菜降温，总是弄得手忙脚乱，而且用嘴吹气的方式并不卫生。

问题五：随着年龄的增长，越来越多的人步入老龄化。有些老年人身体小毛病不断，小药常备。但因记忆力及视力衰退，经常出现忘记吃药或者吃错药的情况，引发子女们的担忧。

问题六：排球是一项在中小学体育课程中开展的运动项目，喜欢的学生特别多。日常训练时一个人只能练习垫球、发球，想要练习扣球或者练习扣球手型时就需要他人协助才可以完成，而且每次都需要捡球等，效率比较低。

（3）关爱社会：用科技造福社会，成就自己的未来。

问题七：高速公路的限高路段一直是历来的事故多发路段，其中隧道口位置就是典型路段。大型货车司机因疲劳驾驶占事故原因绝大多数情况，如何减少事故的发生呢？

问题八：国家提倡节能减排、低碳出行，大力推动电动汽车的普及。但大部分用户仍然抵制购买电动汽车，究其原因主要是现在电动汽车固定充电不便、充电耗时过长、续航能力差、电池更换不便等，如何破解这个困局呢？

问题九：学校现有 5 台 3D 打印机，每年开展社团活动都会产生很多废料和无用设计模型，积少成多，浪费不容小觑。这些废料回收不当，对环境会造成不可估量的危害，污染能力远超白色垃圾。

（三）资源准备

1. 人员准备

教师队伍：组建科技教育团队，成员涵盖数学、物理、化学、生物、地理、信息技术和通用技术多个学科，为学生提供知识讲解及技能指导。

学生团体：以高一、高二年级热爱科技活动、乐于创新、勇于探究，并申报校内科技社团的学生为主。

2. 工具支持

创客教室提供开源电子硬件、3D 打印机、激光切割机、木工机床、金工和电工工具；物理实验室、化学等实验室、生物实验室提供相应的实验器材、实验药品等。

3. 资金支持

申请专项资金，用于购买学生科技创新项目过程中所需的耗材。

4. 课程支持

根据科技项目开发经验，结合高中阶段学生知识储备情况，开设基于开源硬件的自动化学习、3D 打印、激光切割课程、App 及 Inventor 的开发与实践等校本案例课程，提升学生的创意物化质量。

5. 线上平台

为提升课堂的延展性、弥补校内课时不足，搭建在线学习平台。

阶段二：课程框架设计

根据PBL教学法的特征将课程内容的实施过程大体划分为6个阶段(表7-1)。由于项目大小不同、学生能力差异，课时不做具体限制，以阶段性任务完成情况灵活掌握。

表7-1 课程内容实施过程

阶段	具体内容	主要核心素养要点
一	针对问题进行论证，将其转化为研究项目，确定项目的可行性及价值	信息意识、理性分析、批判质疑
二	根据研究项目实现的功能研讨具体解决办法，确定所需学科知识及技能要求	理性分析、勤于思考、批判质疑
三	整体流程设计，确定阶段性任务	理性分析、自我管理
四	专项知识学习与技能实践，逐一实现子项目功能，完成阶段性任务	劳动意识、学会学习、勇于探究、技术运用
五	作品制作与完善，实现创意物化	技术运用、勤于思考、审美情趣
六	项目报告撰写，交流分享	问题解决、人文积淀、健全人格

五、课程具体实施

阶段一：问题到项目的转化

针对提出的问题查阅资料、调研分析、小组讨论后，撰写调研报告，从科学性、实用性、创新性三个方面确定问题的可研究价值，筛选后确定研究项目。

此阶段成果为调研报告（表7-2）。

表7-2　问题分析及项目转化论证

<table>
<tr><td>姓名</td><td>刘**</td><td>班级</td><td>2018级高一3班</td></tr>
<tr><td>时间</td><td>2018年9月</td><td>成员</td><td>个人</td></tr>
<tr><td>提出问题</td><td colspan="3">自主问题☑ 参考问题☑
炎热夏日，酷暑高温难耐。虽然空调已经进入千家万户，但很多人还是更喜欢风扇的微微清风，以此来降温。可是现有风扇功能单一，往往无法给人以更加舒适、便捷的使用体验</td></tr>
<tr><td>问题分析</td><td colspan="3">普遍性：
1.走访调查：使用风扇的人多吗？
调查对象：学生、老师、邻居、商场售货员
调查结果：随机在高一年级调查200名学生，基本都使用风扇，而且桌面风扇居多；调查了35位教师，24位教师家中有风扇，落地扇居多；走访邻居11户，8家有风扇；采访家电售货员4名，均说风扇销量稳中有升
2.网上查阅资料
2015—2018年，中国家用电风扇产量逐年提升，数据见下图：
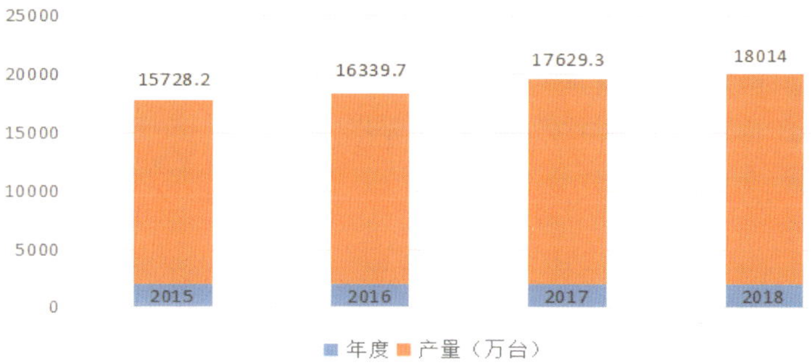

两项调查结论：风扇的需求量非常大。桌面风扇、便携风扇越来越受年轻人喜爱。年龄偏长的人使用落地扇的居多
功能性：
需求调查：现有风扇是否能满足您的需求?您希望使用的电风扇要有那些功能?
调查结果：
问题：大部分风扇满足不了个人需求。现有风扇模式单一，落地风扇基本是三个挡位固定风速，手动开关；桌面风扇或便携风扇基本都是一个开关固定风速，样式不美观，功能单一；两种风扇都不好收纳
需求：风扇开关模式多样。具备智能化交互，风速大小随时变化；款式美观，功能丰富，便于拆卸</td></tr>
</table>

（待续）

表7-2　问题分析及项目转化论证（续）

结论	1.使用风扇的人很多,现有风扇无法满足日常使用需求，尤其个性化需求 2.根据调查了解，未来的风扇在功能、造型、结构、色彩等方面要适合现代人实用和欣赏的双重需求 结论：这个问题是一个可以研究的问题，是有价值的
项目转化	根据上面调查分析，结合个人创意想法。最终确定本此研究项目的课题为:分离式智能化桌面风扇
教师意见	

项目设计（表 7-3）。

表7-3　项目设计

项目名称：分离式智能化桌面风扇	
设计者：刘**	班级：2018级高一3班
研究目的	设计制作一款智能桌面电风扇，除具有基本功能满足人们正常使用外,还可以有创新性设计满足个性化的需求
功能设计	传统功能：手动开关，三档更换 完善功能：遥控开关，遥控切换 创新设计： 1.将风扇、温湿度计、时钟三者结合 2.自动模式下，温度和距离目标体远近自动开关和切换风速 3.风扇控制面积更大，使用者体验更舒适
解决方案	1. 三按键设置完成三档更换 2. 红外遥控器切换手动模式及自动模式，同时在自动模式下，可以通过遥控实现三档或者更多转速切换 3. 温湿度传感器、时钟、ICD屏实现温湿度计和时钟显示 4. 通过超声波测量距离，在工作条件下，距离风扇越近风速越小，距离越远风速越大 5. 制作分离风扇，风扇有扇体和超声波，通过线连接主体风扇

（待续）

表7-3　项目设计（续）

设计原则	1.价格便宜，易推广使用 2.安装、使用简单、易操作、方便快捷 3.体积适中、结构设计合理、外形美观
STEAM	知识：电路知识、自动化控制、3D打印 技术：Arduino软硬技术、元件之间的连接与布局、3D打印设计扇体结构
难点	遥控模式切换及3D艺术设计
草图设计	主体：按钮开关、换挡按钮、LCD屏显；超声波传感器、温湿度传感器、红外接收器、红外遥控器 分体：超声波传感器，收纳盒设计 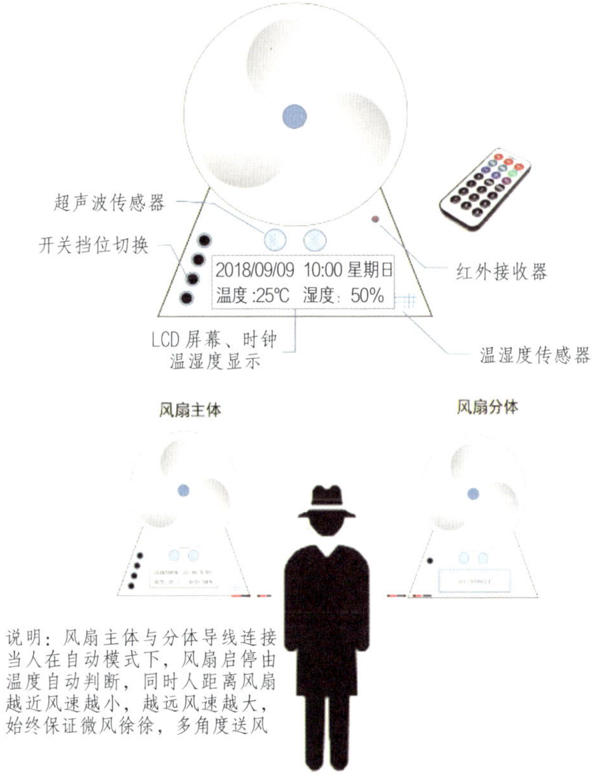
工作流程	模式判断：手动模式、自动模式 手动模式：主体风扇与分体风扇的风速控制完全由主体风扇上的按钮分档控制 自动模式：自动模式下，红外遥控可以控制风扇挡位切换；同时通过超声波测距，根据使用者距离扇体远近自动调节风速。距离越近转速越慢，距离越远转速越快

2018 年学生调研分析将教师提供的参考问题转化为 9 个研究项目，如下表 7-4。

表7-4 研究项目

分类	关爱自我	关爱他人	关爱社会
项目1	创意风扇	婴幼儿餐碗降温	公路限高警示装置
项目2	花卉养护助手	自动提醒安全药盒	分时传输无线充电汽车
项目3	卫生间智能排风扇	排球扣球训练辅助装置	3D打印耗材废料回收及再利用

阶段二：研究项目的分解

将研究项目根据功能需求、实现效果等因素分解为若干子问题，确定涉及的学科知识与技能。

分解为若干子项目，确定所需学科知识、技术及工具支持。

此阶段成果为分析报告。

自主学习案例资源

样例一：Arduino 自主学进阶篇案例目录如下表 7-5。

表7-5 案例

序号	课程内容	课程重点
例程1	Arduino IDE编程体验	1.Arduino IDE安装与软件界面功能 2.由Mixly图形化编程向代码编程转换 3.使用编程语言编写“点亮LED灯”
例程2	交通灯(全彩灯珠）	1.了解全彩LED灯珠的简介及工作原理 2.掌握灯珠的针脚及开发板管脚的连接方式 3.编程实现灯珠颜色的变化
例程3	灯如流水（灯条）	1.灯条的内部连接结构及工作流程 2.灯条与开发板的连接方法 3.程序控制灯条上灯珠的颜色与亮度

（待续）

表7-5　案例（续）

序号	课程内容	课程重点
例程4	动感音乐灯	1.模拟声音传感器的使用 2.程序控制全彩LED灯珠颜色变化 3.学习使用函数简化主程序
例程5	点阵指示牌	1.点阵屏的内部结构及工作原理 2.点阵屏针脚与开发板的连线方法 3.使用IDE编程实现字符显示
例程6	换挡风扇	1.按键的综合应用（单按键与多按键） 2.分支模块（语句）的使用
例程7	水位报警器	1.水位传感器的参数及工作原理 2.编程获取传感器输入数值并串口监测 3.实战多元件的综合应用
例程8	烟雾报警器	1.了解烟雾传感器的工作原理及连线方法 2.编程获取传感器输入数值并串口监测 3.实战多元件的综合应用
例程9	迎宾机器人	1.舵机的创意使用 2.机器人的艺术设计
例程10	浇花机器人	1.土壤传感器与水泵的使用 2.花卉适宜生长的土壤湿度（生物） 3.继电器的概念引入
例程11	小车搭建	小车的结构设计与搭建
例程12	物流导引车	巡线模块的应用与小车的自动化控制
例程13	红外遥控车	1.小车的创意设计 2.红外遥控的综合应用 3.电机的速度控制
例程14	手机遥控车	1.蓝牙模块的参数及工作原理 2.编程实现手机与Arduino的无线连接 3.利用蓝牙串口APP控制小车运动

（待续）

表7-5 案例（续）

序号	课程内容	课程重点
例程15	手机遥控灯	1.利用蓝牙串口APP控制小车运动 2.利用AppInventor自主设计APP程序 3.App控制全彩灯珠的颜色及亮度
课程访问方法：大港一中NAS，DS note		

阶段三：确定解决方案，预设阶段性任务

根据阶段二分析报告确定解决方案，设计整体工作流程，并针对每个环节进行子流程设计；结合自身知识储备及技术能力的实际情况，确定任务完成时间点。

此阶段成果为设计报告。

阶段四：专项知识学习与技术实践，逐一攻克子问题

根据项目完成需要，通过教师提供的在线课程案例，有针对性地学习相关知识与技术；寻求学科教师指导和社会力量的帮助，在内因与外因的共同作用下逐一攻克子问题，完成功能实现。

此阶段成果为实验成果展示交流。

阶段五：作品制作与完善，实现创意物化

根据项目的整体设计、功能完成的实际情况，按照人们使用习惯及效果体验，结合结构学、工程美学实现作品物化。

此阶段成果为物化作品。

阶段六：项目报告撰写，交流分享

总结整个学习过程，撰写项目报告，提升自己的科研能力及文字表达能力。将研究成果通过校内展示、校外科技类竞赛交流等检验学习成果，提升个人成就感。

六、教学实施意见

（一）把控课堂，以不变应万变

本活动的教学内容围绕着科技创新项目解决的真实问题展开，因学生生活经历不同、观察视角不同，知识储备与技能掌握有差异，导致由问题物化出的项目研究方向不同。因此，在项目实施中学生所需的知识与技能的侧重点也不同，正所谓千人千面。这就要求教师提升课堂驾驭能力，把控教学方向，工作的重点是为学生提供丰富的学习资源、提供专业工具及技术指导，鼓励学生积极参与，做学生项目开发的引领着与指导者。

努力使课程中的教学内容掀起学生的思维浪花，矫正和完善学生的性格，拓宽学生的视野，促进学生可持续发展。

教学组织形式灵活多样。高中阶段学校每周1课时的教学安排无法完成课程内容，因此在教学组织上采取线上、线下双线并举，课上、课后分头落实的方式，尽量为学生提供交流启智的环境、实践创新的场所，为达成教学目标创设更多学习机会。

七、效果评价

根据本综合实践活动的特点，结合学生参与程度、创新能力与科学精神的体现、作品物化等综合因素确定评价大体细则如下：

整个活动开展过程中学生分析问题、解决问题的参与程度；

项目开发过程中探究能力及创新精神的体现；

综合运用多学科知识与技能解决问题的能力；

主动构建知识体系、寻求技术帮助的能力；

学习成果是否有效解决存在问题，给受众以良好体验；

各阶段撰写的报告是否有效体现了学习成果。

评价是学生学习效果的检查，但因个体差异学习效果各不相同，尤其是在开放性课题的研究下更是千差万别。在呵护学生自信心、尊重学生付出的前提下，充分调动学生学习的主动性和积极性，激发学生爱科学的兴趣、学科学的热情、用科学的信心，培养学生科学探究精神和动手实践能力。

八、教学设计样例（表 7-6）

表7-6　教学设计样例

课题	问题的提出及创新项目的转化		授课人	朱纯普
所属学科	综合实践活动		涉及学科	综合学科
年级	高中1、2年级		课型	新课
内容简析	爱因斯坦曾经说过的：提出一个问题往往比解决一个问题更重要。这里的“问题”不是一个一般化的问题，而是可以进行研究的问题。那么，对于学生如何去发现一个具有可研究价值的问题，或者如何判断他人提出的问题具有可研究性呢？将其转化为可研究项目，就是这节课要探讨的问题			
学情分析	1.部分学生对现实生活中的常见现象熟视无睹，无法提出有价值的问题 2.具有一定的知识基础，掌握了一些获取信息、分析信息的方法 3.有着一定的生活经历和对现实问题分析判断的能力			
教学目标	1.启发学生针对生活中的现象，提出有价值的问题 2.针对自己或他人提出的问题判断是否具有研究价值 3.通过讨论，提出假设，分析解决办法的真实体验 4.培养良好的探究式学习习惯，重视养成教育			
教学重点	掌握问题分析的方法			
教学难点	问题价值性的确定条件			
突破重难点的方法手段	小组讨论、资料查阅			
课前准备	搭建网络研讨平台，提供研究问题			

教学过程				
教学环节	教学活动		设计意图	批注
	教师活动	学生活动		
课题导入	爱因斯坦曾经说过：提出一个问题往往比解决一个问题更重要。这句话有道理吗？为什么？	思考、讨论：爱因斯坦说的问题指的是什么？	提出问题要具有有效性	
	教师总结：可研究的问题、有价值的问题	学生回答		

（待续）

表7-6　教学设计样例（续）

教学活动	知识讲解	教师讲解：什么叫创新？ 1.针对问题提出一个别人没有研究过的课题（项目） 2.用与别人不同的研究方法对已经研究过的课题进行研究 3.将一种理论、观点首次应用到实际中去 4.将已经在某一领域得到应用的理论、观点、方法和手段，应用到新的领域中去 举例：	个人总结宣读	明确创新	
	活动1提出问题	问题描述：炎热的夏日，酷暑高温难耐。虽然空调已经进入千家万户，但很多人还是更喜欢用风扇来降温，节能环保，风力柔和。可是现有风扇功能单一，往往无法给人以更加舒适、便捷的使用体验	思考：我印象当中的风扇都是什么样子的？ 回忆：使用风扇的感受	生活情境导入，展开想象力	普遍性决定实用性
	活动2分析问题	现场体验：打开落地扇，模式切换	现场感受体验，分组讨论交流，同学补充	调查体验，分析异同	
		思考以下问题： 1.现有风扇是否满足你的使用需求？ 2.风扇现有模式是否给你舒适体验？ 3.这是一个普遍遇到的问题吗？ 4.你所希望的风扇具有哪些功能？	学生回答：阐述使用需求和判断理由，需求决定功能	明确问题，个性中谋共性	
	活动3查阅资料	布置任务：根据已有知识、经验、需求，设计你希望的风扇的图纸，标注实现功能	绘制图纸，创新设计；查阅资料，分析创新点	挖掘学生的想象力及设计能力，引入新概念	想象力决定创新性

（待续）

表7-6 教学设计样例

教学活动	活动4科学论证	组织同学对设计的风扇图纸进行论证：结构是否合理 功能是否科学；设计的风扇是否有市场作为开发项目，是否具有创新性	学生答辩：互相问答 结合“什么是创新”对项目是否具有创新性进行陈述	工程结构，技术实现，美学设计，学以致用	科学性和实用性
	活动5项目转化	好的问题如何转化为可研究项目呢？ 1.由其创新的方法 2.由其实现的功能决定 3.由开发者的技术运用决定 举例：如就本课提出的问题，可以将项目确定为《智能交互风扇》等	聆听、对比		
课堂小结	小结	结合本例：提出问题—分析问题—提出方案-论证解决 总结：一个有价值的问题具有普遍性，问题的创新解决具有实用性、科学性和价值性，这样的问题就是一个好问题，是可以研究的问题 项目的确定主要是由其要实现的功能决定的	聆听、思考	总结思考	
	延伸	1.用智慧的双眼去发现一个自己认为有价值的问题，将其转化为可研究的项目 2.课后分析教师分享的8个问题，结合本节课的学习内容，论证其价值，完成项目转化	1.有针对性地发现可研究问题 2.查阅资料，确定项目的可行性	实战检学习效果	
课后反思	本节课的内容并没有一个真正意义上的知识点，实际上是对经验的交流、分享、总结，开放性强。正所谓在交流中启发智力、在思考中提升认识。希望学生今后要认真对待日常学习生活、社会生活和自然界中的现象，提出有自己观点和可研究的问题				

第 8 章　让美丽的中国结亮起来

活动设计开发人员：祁永成

设计单位：天津市滨海新区大港第二中学

指导老师：天津市教育科学研究院 赵松涛

适用年级：4~7 年级

一、项目背景与目标

（一）项目背景

（1）中国结是“中国元素”之一，与春联、花灯一起，是中国春节习俗的重要组成部分之一。

（2）中国结在唤起国人的华夏情结，以及增进与世界各国人民的友好交往等发挥着越来越重要的作用。

（3）中国结曾在中国抗击“非典”时期起到重要作用，成为中国人共克时艰的一个暖心力量。

我们希望中国结继续发挥凝聚国人万众一心、共克时艰的作用。所以我们选定中国结作为应对此次新型冠状病毒肺炎（简称“新冠”）的活动载体。

（二）项目目标

“新冠”期间，为充分发挥中国结在凝聚国人万众一心、共克时艰等方面的积极作用，加深学生对中国结的理解，挖掘中国结编织项目的科技、劳动教育和文化艺术的内涵，同时培养学生的动手能力和创造力，提高学生的技术修养，促使学生自愿地投身到活动中去。本项目的目标设计为以下四个。

1．价值体认

用自己的视角、自己的体验、自己的方式记录最美“逆行者”谱写的伟大“壮举”，与老师、同伴交流思想认识，制作电子板报，表达出民族团结、爱国爱党的情怀。体验技术性劳动的艰辛，形成对中国结工艺稳定、持续的兴趣。树立热爱传统文化、热爱劳动人民的思想感情。

2. 责任担当

理性认识个人与国家的关系，自觉将自身成长与祖国联系起来，在了解全球“新冠”发展的态势下获得人类命运共同体的认知，懂得将传统文化的精髓发扬光大的重大意义。

3. 问题解决

多渠道获取信息资料和理性筛选信息的方法，了解有关中国结的特点及作用，了解物理、数学、美术等学科知识， 体会文化内涵和艺术魅力，特别是在凝聚国人万众一心、共克时艰等方面的重要作用。

掌握编织工具的使用方法，学会几种基本结的设计与制作， 经历设计、制作、展示、调整、完善作品的过程，提高学生动手操作的能力。

4. 创意物化

设计制作反映让中国结亮起来主题的电子板报和中国结作品。

二、项目实施设计

（一）项目准备阶段

1．确定授课教师

授课教师以劳动技术学科教师、综合实践活动或科技活动辅导的教师为主，班主任为辅，还可以聘请区域编织方面的专家为校外科技辅导员。

2．确定项目实施对象

4—7 年级学生。

3．确定实践地点及项目开设方式

实践地点为学校教室（普通教室或专用教室都可以），或学生家里。采用项目式学习法（PBL）组织项目，所需材料如下。

教具：①编制导学稿；②设计制作项目示例用的中国结实物；③微课、课件。

学具：绳线、泡沫板、珠针、镊子。

（二）项目前期准备

1．教师

教师在学校智慧教育平台上构建项目，上传微课、导学稿、PPT 和文本资源。

教师通过 QQ 分享屏幕进行项目启动会的讲解直播，通过 WPS 在线思 维导图工具，向学生分享项目地图，旨在让学生充分了解项目的背景、目标、 成果呈现及检测评价。

教师一周一课时，了解学生需求，帮助学生解决项目运行过程中遇到的问题。

教师帮助学生建立起班级线上项目管理小组，主要是考勤和上交作品的记录工作；建立班级美篇制作小组。

2. 学生

初一年级学生，形象思维有了一定的发展，抽象思维尚在形成之中，能够主动关注身边发生的一些时事，但对良莠不齐的信息缺乏辨别力，需要教师加强引导；他们对生活中的中国结有一点感性认识，对编织技术怀有很大的好奇心，但多数学生之前没有接触过编织工具，要理解中国结发生、发展的内涵，读识编织示意图等存在困难。因此，激发学生对技术学习的兴趣，读图识图，制作主题性的中国结作品，发布班级美篇，成了此次活动的重点。

（三）拟定项目内容

1．项目时间（表 8-1）

表8-1　项目时间

课程安排	具体内容
第一课时	“让美丽的中国结亮起来”项目启动会
第二课时	感悟中国结——在日常生活中寻找中国结
第三课时	双钱结的编制
第四课时	吉祥结的编制
第五课时	同心结的编制
第六课时	金刚结、蛇结的编制
第七、八课时	盘长结的编制
第九课时	中国结作品的设计与制作（一）
第十课时	中国结作品的设计与制作（二）
第十一课时	中国结实物作品展示与交流
第十二课时	中国结电子作品展示与交流

2. 项目地图（图 8-1）

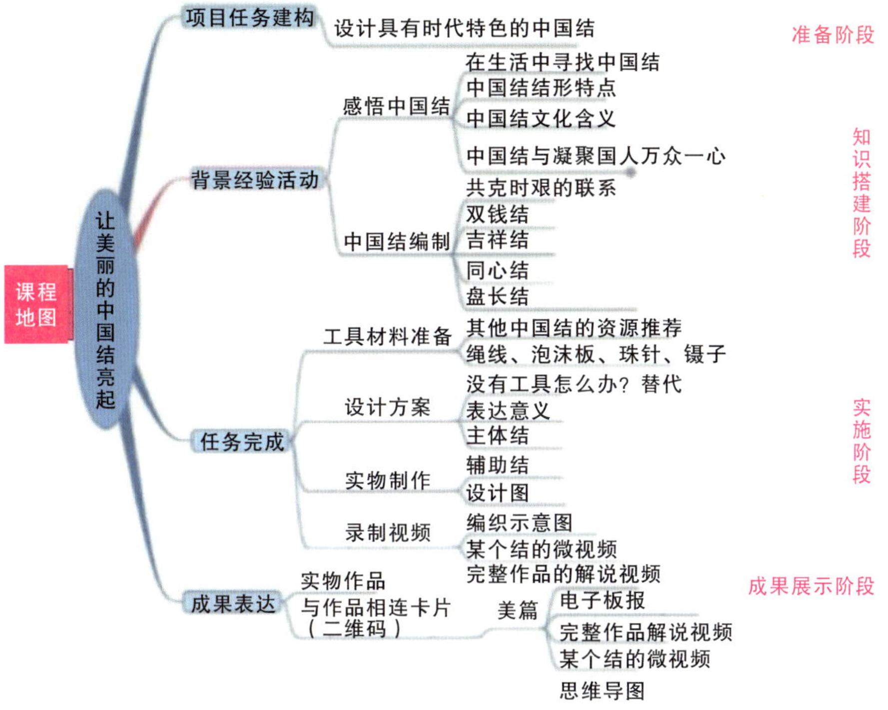

三、项目实施阶段（表 8-2）

表8-2　项目实施阶段

活动阶段	活动内容	教师行为	学生行为
项目建构	1.情境创设，确立任务。设计制作反映让“中国结亮起来”主题的电子板报和中国结作品。 2.组织动员，确定整体活动方案。将活动的方案简化为思维导图，通过启动会宣传	1.每节课抽出5分钟时间，组织师生介绍当前战胜这场突发公共卫生事件所涌现出的感人事迹。增强学生参加活动的主动性 2.教师召开项目启动会，建构活动开展的意义、目标、内容、成果呈现、评价等方式 3.通过WPS软件教学生绘制项目思维导图	1.与老师、同伴交流思想认识 2.学会利用WPS软件绘制项目思维导图 3.吸引身边的亲人参加活动

（待续）

表8-2 项目实施阶段（续）

活动阶段	活动内容	教师行为	学生行为
背景经验	1.了解有关中国结的特点及作用，了解技术、数学、美术等学科知识，体会文化内涵和艺术魅力，特别是在凝聚国人万众一心、共克时艰等方面所发挥的重要作用 2.双钱结文化内涵、结形特点及编制 3.同心结文化内涵、结形特点及编制 4.盘长结文化内涵、结形特点及编制 5.每周推荐2种基础中国结的编制，持续2周 6.建构认识某个结的思维导图评价量规 7.建构录制某个结的微视频的评价量规	1.信息检索、辨别，为板报的制作积累素材 2.中国结基础结编制示意图的读识 3.推送微课、文档	1.居家学习，积极上课，阅读老师推送的资源，关心时事 2.与老师、同伴交流思想认识，交流中国结制作过程中的重点、难点及体会 3.上交中国结电子板报和启动会的思维导图 4.录制自己编制的某一中国结的微视频 5.录制自己编制其他中国结的微视频
任务完成	1.建构一件完整、优秀的中国结作品模板及评价量规 2.电子板报制作要领 3.解说词模板 4.建构评价对象、方式	1.教师采用线上技术，分享一件完整中国结作品制作的过程 2.展示各地学生制作的电子板报实例。建构电子板报的评价量规 3.分享中国结搭配的场景，提高作品的实用性	1.需要上交中国结完整作品的实物（开学交）、照片、解说词文稿及解说视频 2.实物的照片和视频提交到班级相册里，解说词放到群文件里的劳动技术文件夹里

（待续）

表8-2 项目实施阶段（续）

活动阶段	活动内容	教师行为	学生行为
成果表达	1.美篇制作及评价量规 2.展览、班级评比 3.美篇二维码制作 4.实物作品与作品相连的卡片	1.与学生一起欣赏优秀作品（美篇） 2.作品评价量规建设 3.项目提交作品安排 4.线上测试 5.开学后后续活动安排	1.参与互动评价量规的构建 2.班级利用美篇集中展示 3.评选出每一活动阶段组内明星和优秀小组。获A等的学生记入学生综合素质评价

五、项目实施意见

（一）项目资源的利用

1. 时事性资源的利用

（1）突发性公共卫生事件是时事性的资源，它是一个真实的问题情境。事件的进展，牵动着学生们的心。将自己亲手制作的中国结送给医护人员，送给值守的社区工作人员和志愿者，成了学生们的心愿。学生们参与过程的出勤率、作品完成的数量和质量成了学生们爱国情怀的表现，这为项目的持续进展奠定了基础。

（2）教育部《关于中小学延期开学期间“停课不停学”有关工作安排的通知》，为学校教育和家庭教育的加强提供了机遇，为学生生活教育和劳动教育提供了条件。

2. 学校资源和社会资源的利用

项目取材于天津市九年义务教育劳动与技术教材编写组编写的《劳动与技术》（七年级全一册，天津教育出版社）中编绣项目中的内容。

大港区域手工编织中心位于学校附近，我们和他们曾经有过良好的合作，他们可以为项目提供专业支持，比如提供比较专业的视频。

网络资源和网络工具，如 QQ 群、教师助手、微信美篇等可为项目运行提供平台。

大港医院、大港社区提供了评价的支持。

此次居家工作的大环境，为项目高质量地开展奠定了基础。中国结成为联系学生和家长的桥梁。如本项目中学生要上交自己编制的中国结微视频，这就需要家长帮忙录制。还有美篇的制作，也需要得到家长的支持。家长的支持也是项目成功的关键。

（二）项目组织形式管理

基于真实问题情境下的问题解决，是项目成功实践的关键。尽量为学生提供真实体验的机会，综合运用考察探究、设计制作、社会服务、职业体验等活动方式，充分利用现代信息技术手段，采取线上和线下相结合的实施策略，推动项目的可持续实践。

（三）项目时间管理

项目时间的安排一般采用师生集中答疑和学生自主分散两种方式，师生集中答疑主要是对项目内容的讲解、学生的交流与展示及教师评价；学生自主分散主要以学生独立思考、知识拓展和自主实践为主。根据实际情况确定周课时量，以每周 1 课时为宜。

（四）应急预案管理（表 8–3）

表8–3　应急预案管理

可能出现的问题	解决预案
1.授课问题：网上授课模式的搭建出现问题	利用学校已经搭建起来的网上授课平台，使用人人通推送资源，通过教师授课助手组织测试
2.安全问题：由于活动使用剪刀、珠针、泡沫板、打火机、线绳，安全隐患大	强调工具使用的安全，教师演示工具的正确使用，和家长协商制订安全预案，报请学校批准

（待续）

表8-3 应急预案管理（续）

可能出现的问题	解决预案
3.材料问题：由于特殊时期，学生缺乏线绳、泡沫板、珠针等工具的问题突出	用替代材料，如用数据线、生日蛋糕包装线代替线绳，用瓦楞纸板、沙发代替泡沫板，用胶代替珠针
4.方法问题：编织示意图的读取和工具使用	教师录制微课，使用线上资源。鼓励家长参与
5 .学生兴趣 问题 ：活动周期长，个别学生认为编织中国结是女生该做的事情等	充分了解每位同学的兴趣和特点，采用小组合作的形式，及时鼓励学生取得的成绩，播放男同学编织的视频
6.时间安排：项目运行时间	注重心理调适，适当延长项目时间，补充项目多样化成果呈现所需要的技能培训
7.其他问题：项目维持问题、激发学生参与积极性问题	通过人人通推送三封信，利用美篇及时报道疫情情况、本项目进展情况，表扬不同水平的学生

六、学习评价

本项目以任务驱动，以表现性评价为主，注重用详细的评价量规对可物化的成果进行监测，以此推动项目的运行。可物化成果主要表现在思维导图、电子板报、实物作品、某个结微视频、完整作品解说视频、美篇、与作品相连卡片等七个主要部分。根据实际影响，我们对七个任务进行了简化，电子板报、实物作品、完整作品解说视频这三项为必做项目，其余为选做加分项目。完成三项必做项目，结果就评估为达标。做得好的项目可自荐、小组推荐、教师推荐到班级美篇发表，以此来贯彻将个人自评、小组评价及教师评价相结合的评价原则。附整体评价及各任务评价量规（表8-4至8-11）。

表8-4 整体项目评价

项目名称	电子板报	作品实物	完整作品解说视频	思维导图	某个结微视频	与作品相连卡片	其他附加作业
评价原则	完成前三项必做项目，项目就评估为达标。完成4~5项为良好，完成5项以上为优秀，作品被推荐至美篇1次，可跨一档认定						

表8-5 思维导图评价量规

项目	评价要点	评价原则
内容	名称 寓意 结形特点 编制示意图 用处	能够包含3项内容为达标，包含3~5项内容为良好，包含5项为优秀。有1～2项出彩的，可跨一档认定
呈现	版面清晰，主题突出 能够挖掘各部分之间的联系	符合1项为达标，符合2项为良好，符合3项为优秀。有1~2项出彩的，可跨一档认定
综合定性		

表8-6 电子板报评价量规

项目	评价要点	评价原则
内容	有没有反映疫情的进展情况 有没有反映中国结的进展情况（作品实物，微视频、完整作品解说视频的截图） 有没有挖掘中国结的内涵，如与各学科的联系，及与生活或者优秀文化传统之间的联系	能够包含2项内容为达标，包含3项为良好。有1~2项出彩的，可跨一档认定

（待续）

表8-6　电子板报评价量规（续）

项目	评价要点	评价原则
版面	是否注意板报的整体构图，做到图文并茂，主题突出（贯彻构图的6个原则）	能够贯彻1项内容为达标，贯彻 2~3项为良好，贯彻3项为优秀，有1~2项出彩的，可跨一档认定
综合定性		

表8-7　编织某个节的微视频评价量规

项目	评价要点	评分原则
内容	有没有寓意 有没有提到结型特点 有没有呈现示意图 有没有提到用处	能够包含2项内容为达标，包含3项为良好，包含4项为优秀。有1~2项出彩的，可跨一档认定
呈现	步骤完整，画面演示清楚 画面构图合理，字幕、音乐配合得当	符合1项为达标，符合2项为良好，符合3项为优秀。有1~2项出彩的，可跨一档认定
综合定性		

表8-8　作品实物评价量规

项目	评价要点	评分原则
作品立意	有同理心，为医护人员或社区服务人员着想 表达全国人民万众一心、共克时艰	作品美观包含2项内容为达标，包含3项为良好，包含4项为优秀。有1~2 项出彩的，可跨一档认定
作品美观	至少包含2~3个结 结型工整、对称、大小耳比例协调 各个结关系协调，突出重点	
作品实用	能为医护人员提供一些方便	
综合定性		

（待续）

表8-9 作品解说视频评价量规（续）

项目	评价要点	评分原则
内容	作品名称有诗意，言简意赅 能说清楚作品由几个结组成，颜色如何搭配，主题部分是什么物品 能说清楚作品表达的含义，能准确表达自己的感受	符合2项为达标，符合2~3项为良好，符合4项为优秀。有1~2项出彩的，可跨一档认定
呈现	视频画面构图合理，画质清晰、图像稳定、声音清楚（无杂音）	符合1项为达标，符合2项为良好，符合3项为优秀。有1~2项 出彩的，可跨一档认定
综合定性		

表8-10 美篇制作评价量规

项目	评价要点	评分原则
新闻性	报道真实、及时 数量	包含2项为达标，包含2~3项为良好，包含4项为优秀。有1~2项出彩的，可跨一档认定
内容	名称有诗意，言简意赅 立意符合时代意义 反映我们中国结项目的进展情况，如研讨情况、家人支持、感受收获等 反映疫情进展情况（文字、图表）	
呈现	有图，有视频	
合作	团队分工合理，各司其职	
综合定性		

除此之外，我们还对项目本身进行评价，如下（表8-11）。

表8-11　项目评价

项目	评价要点	不达标	达标	良好
项目选题	落实课标的要求			
	与国家、地方及学校发展水平对比			
	与实施对象的契合度			
	情境建构的真实性、挑战性、合理性、开放性			
项目目标	是否围绕学科知识和内容设计目标			
	与学科核心目标的一致性			
	目标本身明确、具体，可测			
	学生对目标的知晓性			
项目活动	教师活动设计合理			
	学生活动			
项目环境	硬环境构建的措施			
	软环境构建的措施			
	任务情境合理性			
综合定性				

七、项目设计样例（表 8 -12）

表8-12　项目设计样例

课题	两圈盘长结的编制	授课人	祁永成
所属学科	综合实践活动	涉及学科	劳动技术、数学、信息技术等
年级	中学7年级	课型	新课
内容简析	“两圈盘长结的编织”是本项目第六课时，本节之前师生已经交流了中国结的历史起源、造型及文化含义，学会了 双钱结、同心结、两环结编法，学生能够阅读简单的编织示意图，这为本节的学习打下了基础		
学情分析	尽管学生已经掌握了读识编织示意图的方法，尽管两圈盘长结的编织是盘长结编织中最基本、最简单的编织，但是与以前学过其他基本结相比，两圈盘长结的编织示意图的读识、两圈盘长结的抽形要复杂得多，这给师生提出了挑战		

（待续）

表8-12　项目设计样例（续）

项目目标	1.知识与技能 （1）知道盘长结由来、寓意，发现生活中的盘长结，能够分析盘长基本结形的特点 （2）学会阅读两圈盘长结的编制步骤图，尝试编制两圈盘长结 （3）能够根据实际选用合适的绳结的工具 2.过程与方法 （1）通过对编制步骤图观察、分析，找出编制要领（口诀） （2）通过尝试编制两圈盘长结，发现技术活动中出现的问题，能修正自己原先的想法 （3）在与他人交流与评价的过程中获取反馈，改进方法，得到进步 3.情感、态度与价值观 （1）体验技术性劳动的艰辛，形成对中国结工艺稳定、持续的兴趣 （2）树立热爱传统文化、热爱劳动人民的思想感情	
项目重点	搜集盘长结的由来、寓意、演变等资料，特别是中国结在凝聚国人顽强拼搏方面的资料；发现生活中的盘长结，能够分析盘长结结形的特点；学会两圈盘长结的编织	
项目难点	1 .学会阅读两圈盘长结的编制示意图 2.学会阅读两圈盘长结的编制步骤图，熟悉两圈盘长结的编织和抽形	
突破重难点的方法手段	1.小组合作、互学互助 2.教师微课、实物演示	
课前准备	教具准备	编制导学稿；设计制作教学示例用的中国结实物；多媒体课件
	学具准备	绳线、泡沫板、珠针、镊子

（待续）

表8-12 项目设计样例（续）

项目过程					
项目环节		项目活动		设计意图	批注
		教师活动	学生活动		
项目活动	活动1：感知作品，激发兴趣	播放微课：到生活中寻找盘长结 展示教师设计制作：两圈盘长结实物 引出课题：两圈盘长结 引导学生设计问题 引导学生总结盘长结实物特征 领略中国结的学科含义	观看微课：头脑风暴，设计从哪些方面认识盘长结 探究归纳盘长结特征：结体左右对称，大小耳比例协调，结体中心平整	吸引学生的注意力，激发学生的兴趣，使学生明确本节课的活动任务，初步感知活动的内容及方法 指导学生设计探究问题，培养设计能力。总结提炼出盘长结的特征，为其后的评价奠定基础	
	活动2：思路点拨，设计探究	设计探究“编制”方法,指导学生读图，播放微课课件	学生自学，交流读图，观看微课课件	提高读图能力，强化读图，为制作打基础	
	活动3：动手实践，对标自评	两圈盘长结的编制 要求：时间、目标安全、节约。 巡回指导、及时反馈和作品展示	对照示意图，编织两 圈盘长结，并对照标准自评 将实物照片发布到QQ班级群里，通过别人的点评修改自己的作品	提高学生设计和动手操作的能力，在个人自评和与他人交流与评价中获取反馈，改进方法，得到进步	

（待续）

表8-12　项目设计样例（续）

项目活动	活动4：设计指导，二次探究	设计探究抽形的方法：实物演示抽形的方法	学生自学抽形说明，提炼关键词，并观看演示	学生自学提炼关键词，实物演示突破教学难点
	活动5：动手实践，对标自评	两圈盘长结的抽形要求：时间、目标，巡回指导和及时反馈	进行抽形实践活动，并对照标准自评 将实物照片发布到QQ班级群里，通过别人的点评修改自己的作品	给学生充分时间进行实践
	活动6：展示评价，成果分享	组织学生自评，选取学生作品进行展示	对照特征展开自评，观看展示，提出建议，修改作品	对照特征展开自评，观看展示，提出建议，修改作品
课堂小结	小结	教师分享到感受	学生分享创作后的感受	潜移默化地进行情感教育
	延伸	1.依样创新，编制一个三圈盘长结 2.适当组合，完成一件至少包含3个结，兼顾美观和实用的中国结作品 3.将你编制的实物作品，就近赠送给逆行者		将课堂引申到课外，体现知识来源于生活又回归于生活的理念
板书设计	探究活动： 1.盘长结的寓意和结形特点 2.二圈盘长结的编制、整形			
相关链接				
课后反思				

第 9 章　走进液态金属世界

活动设计开发人员：王凯

设计单位：天津市第一中学滨海学校

指导老师：天津市实验中学滨海学校　任静

适用年级：10~12 年级

一、背景分析

室温液态金属是一大类物理、化学行为十分独特的新兴功能物质，然而其诸多属性和用途却长期鲜为人知。通过对此类材料的电、磁、热、流体、力学等物理特性的系列原创性探索，发明了诸多热学、电子学及生物医学技术，揭示了室温液态金属的诸多新奇规律。

21 世纪是科技进步的时代，人们的生活早已与科技紧密联系起来。电子艺术结合高科技技术与美学设计基础，紧跟时代潮流，并且具有很强的实用性和趣味性，因而对学生的吸引力非常大，能够激发学生学习的热情，发挥学生自主学习的能力，并给予他们无限的创作空间。

液态金属电子技术作为普适性的电子创意内容，以其强大的科研进展及神奇的物理特性，完全能应用于艺术创作中，能广泛引起学生的兴趣和喜爱，培养学生的创意能力。并且通过可操作性强、效率高的液态金属增材制造系统，在培养学生的动手能力方面有显著优势。

二、学习目标

（一）知识与技能

通过三态变化、样品观察、材质分析等环节掌握液态金属的基本特性，让学生学习新材料的知识和内容。

了解电子工艺知识，掌握电子产品制作基本技能和基本方法。

将液态金属应用到设计中，并且通过情景导入引导学生学习地理、生物、艺术创作等各个学科及生活常识，提升学生对生活的敏感度，培养造物意识与能力。

（二）过程与方法

通过对液态金属电子产品的练习，培养学生的动手实践能力。

通过开放式问题设计创新产品，提升学生的创新创作能力。

通过交流分享，锻炼学生的沟通合作能力。

（三）情感态度与价值观

注重进行工程意识和科学作风的培养，锻炼技术拓展能力，激发科研热情，具备综合工程意识。

体会团队精神，努力培养严谨认真、勇于创新和团结奋进的优秀品质。

三、活动方案对象、人数及学情分析

（一）方案对象

目标对象为高中一年级学生。

（二）方案人数

学生 40 人，科技辅导教师 1 人。

（三）学情分析

高一年级相较于其他年级时间较为充裕，有时间和精力将此次活动完成。同时高中入学第一年也是培养创新能力、锻炼实践能力的绝佳时间。学生对于电子电路的了解较为匮乏，需要教师积极指引，同时对技术的掌握速度还有上升空间。

四、方案主体

（一）活动内容

学生经历认识、掌握、应用、创作等一系列学习过程，循序渐进由浅入深地学习了解液态金属的相关知识及电子电路的相关知识。学生参与液态金属科普知识讲座，进行液态金属绘画体验，手工制作液态金属电路，学习 Adobe Illustrator 矢量图设计软件，练习液态金属打印机的使用，进行液态金属电路打印制作，进行液态金属作品创新设计及制作等。学生通过参与系列活动提高了发现问题、分析问题、解决问题的能力，锻炼了动手实践的能力，培养了创新精神，增长了技术意识，锻炼了工程思维，有效提升了学生的综合素养。

（二）重点、难点、创新点

1. 重点

将液态金属应用到设计中，并通过实践应用引导学生学习物理、生物、艺术创作等各个学科及生活常识，提升学生综合素养，培养学生的实践能力和创新意识。

2. 难点

电子元件的正确使用及电路图的设计。

3. 创新点

本活动引入了一种新型材料——液态金属，让学生可以充分接触新技术、新方法，在学习电子技术的过程中激发学生的学习兴趣，感受科技对于生活学习的影响。

本活动引入了一种新型电路快速成型技术——液态金属打印技术，更大地提升了学生的创作空间。液态金属打印技术的引入，可以实现实验过程中电路板的快速打印制作，且操作过程简单无污染，学生可以创造性地根据任务要求进行自行设计电路并完成功能验证，而不是简单地照图画图，培养学生的创新精神。

学生经历基于建构主义、行为主义、认知主义的学习过程，经历认识、掌握、应用、创作等一系列活动内容，逐步将知识内容巩固、内化，并在活动中逐步培养创新精神和科学素养。

（三）可利用的各类科技教育资源（场所、资料、器材等）

校内资源：学校支持科技活动的开展，建设科创中心，制定相应管理制度。建设创客教室，创客教室内有齐全的软硬件设施，包括学生电脑、液态金属打印机、3D 打印机、激光雕刻机等设备，为活动的开展提供了物质条件。学校每周设置专用课外活动时间，保证能够固定开展活动。科技教师具备相关专业知识背景，能够为学生提供专业技术支持。

校外资源：学校地处空港经济区，周边科研院所科技企业资源丰富，已有多所科研院所及公司和我校展开合作，能够聘请高水平专家指导，开展讲座、论坛等交流活动，能够组织学生参观高新技术产业基地等活动，为学生活动的开展提供更加专业的指导，为学生扩大眼界、开拓视野提供了平台。

（四）活动过程和步骤

1. 活动准备（一周）

首先整理场地，准备一间活动教室，摆好桌椅，方便学生进行后续操作。准备足量活动所使用的液态金属及相关电子元件，并准备好相应清洁工作。调试液态金属打印机至最佳工作状态。

2. 宣传动员（一周）

利用校园广播宣传此次科技活动，调动学生参与的积极性，并鼓励学生上网搜索相关资料，对活动进行简单了解。

3. 组织实施

（1）活动时间 :2020 年 3 月 12 日至 2020 年 6 月 4 日。

（2）活动地点：创客教室、报告厅。

（3）活动过程如下。

◎ 3 月 12 日，初识液态金属——液态金属科普知识讲座

生活中我们常见的金属为固态。液态金属在普通人看来，可能是体温计中流动的水银，是高温锅炉中沸腾的铁水。可在科学家眼中，它是流动的软体生命，是连接人体神经的桥梁，是未来机器人变革的核心材料。邀请专家走进校园为学生做液态金属科普知识讲座，学生认识什么是液态金属，了解相对于其他金属来说液态金属具有哪些优点，新型液态金属相较于常见的液态金属单质有什么区别，了解液态金属的应用等。基于液态金属良好的导电性，液态金属的应用范围十分广泛，如电子电路快速制造、柔性电路，与艺术结合的工艺品等。畅想未来技术的发展，例如利用液态金属修复断裂神经、柔性机器人、智能服装、智能空间等，激发起对科学技术的学习热情，培养对待科学技术的积极情感。

◎ 3 月 26 日，认识液态金属——液态金属绘画体验

教师为每组学生准备一瓶液态金属并配齐相关用品，为学生讲解液态金属的相关知识，讲解液态金属特性、操作方法、使用注意事项等内容。

学生在教师的讲解下仔细观察液态金属，通过搅拌、晃动等动作观察液态金属性状。学生结合液态金属特性，构思液态金属艺术表现画。在构思阶段，学习了解绘画的基本知识，了解绘画的造型技巧，了解画面的黑白灰关系，了解基本的绘画流派及风格，为艺术创作做好准备。

掌握基本绘画技巧后开始进行液态金属画创作，首先用铅笔绘制底稿，画面尺寸为 A4 纸大小，绘制过程中主要考虑构图及内容表现，底稿绘制完毕后与教师讨论交流并进行修改。在上色阶段先使用马克笔进行基本颜色的填充，再根据设计使用液态金属进行上色。

在绘画过程中注意液态金属的使用方法，将画笔笔尖完全浸入液态金属中，旋转笔尖直到全部蘸满液态金属，在纸上涂抹时注意及时调整笔尖方向，这样才能更好地进行液态金属绘制。在绘画过程中注意结合液态金

属本身的物理特性，让画面更有冲击力，更富于想象力。

应注意液态金属在使用过程中避免与口、鼻、眼、耳等重要身体部位接触，若不慎用手触碰到，须及时用洗手液或香皂仔细清洗。液态金属在使用过程中应避免涂抹在课桌、墙面、衣服等上面，如果不慎沾上，须及时用湿巾进行擦拭，避免使用干燥纸巾反复涂抹。液态金属较容易氧化，使用完毕后应及时将瓶盖扣住并拧紧。液态金属画绘制完成后，请存放在空闲平整区域，避免剐蹭或滑落。绘图笔使用后请及时利用橡胶套扣住，放回套装塑料袋妥善保存，避免与水、酒精等其他液态材料发生接触。

通过教师讲解，让学生对液态金属有了清晰的认识，并且掌握了液态金属的基本操作规范。通过绘画练习，让学生进一步熟悉液态金属的特性，便于学生后期更灵活地使用液态金属（图 9-1）。

图 9-1 学生进行液态金属的艺术创作。

◎ 4 月 9 日，体验液态金属——手工制作液态金属电路

有了液态金属绘画的操作基础，学生们接下来可以利用液态金属进行电路的绘制。以学生熟悉的汽车车灯为例，进行手工制作光感车灯的活动。

汽车已经成为我们日常生活中必不可缺的交通工具，马路上形形色色的小汽车川流不息，车上的车灯也是流光溢彩，车灯除了起到装饰的作用外，还起到至关重要的黑夜照明作用、拐弯提示作用、警示作用等，夜间如果忘记打开车灯就是一个非常危险的行为。学生思考：能不能利用液态金属制作一个光感车灯呢？

学生学习基本的电子电路知识，了解常用的电子元器件，认识三极管、光敏开关、LED 灯等电子元器件，掌握利用液态金属连接电子元器件的操作方式。

操作步骤如下：

（1）物料准备：将实验所需器材准备齐全。

（2）使用胶笔绘制电路：将电路图样利用胶笔绘制完成。

仔细观察电路线条及元器件轮廓，利用涂胶笔将电路线条、元器件底部轮廓涂抹完全，确保全部线路及元器件底部轮廓均被涂抹。线路涂抹要均匀，保持宽窄一致，元器件底部轮廓涂抹可利用画“田字格”或“折线”的方式进行。

（3）安装元器件：在制定元器件位置安装元器件。

根据元器件底部轮廓位置正确安装元器件，安装时注意观察元器件的正负极和方向，确保安装后元器件的正负极和摆放方向与粘贴前元器件底部轮廓一致，用力按压元器件，使其粘贴牢固，安装完成后等候 1 分钟。

（4）绘制液态金属电路：利用液态金属将电路图样绘制完成。

利用绘图笔蘸取液态金属，蘸取时将笔头全部没入液态金属内部，旋转笔杆，确保笔尖沾满液态金属，取出笔头，沿涂胶笔涂抹过的电路线条涂抹液态金属，确保将全部电路涂抹完全，无漏涂、错涂现象。

仔细查看电路图中液态金属线路，确保绘制完整，且线路内金属饱满，若发现电路存在接触不良或短路现象，则进行电路修补；若发现存在错涂现象，则在对相应位置对电路进行着重修改。电路检查无误后，开始对元器件引脚位置进行重点绘制，绘制过程中要确保引脚与线路金属正常连接；当发现引脚位置错误时，要对相应位置引脚进行重点修补。线路涂抹要均匀，保持宽窄一致，避免出现漏涂或错涂的现象。

（5）连接元器件引脚：检查电路，并将引脚位置重点连接。

（6）功能测试：将完成的电路进行功能实现。

将制作完成的电路放置在平整的桌面上，按下开关，电路开始工作，利用纸杯或其他不透光纸盒将光控模块扣住，此时 LED 灯点亮，取下遮挡物，LED 灯熄灭。

通过此项活动，学生学习掌握了更多电子电路相关知识，能够熟练操作液态金属，为后期的活动做好了充分准备。

◎ 4 月 23 日，设计液态金属——学习 Adobe Illustrator 矢量图设计软件

在先前的活动中，学生通过手绘的方式进行液态金属绘制，熟悉了液态金属的特性和操作方式。随着技术进步，利用计算机可以实现更高效的液态金属绘制方式，利用计算机矢量图绘制软件可以进行图像设计，再利用液态金属打印机可以将设计批量复制出来。

本次活动学生学习矢量图设计软件 Adobe Illustrator（简称AI）的使用，学生先从熟悉 AI 的基本操作界面开始，了解各个工具的基本使用方法，接着进行绘制练习。先从简单的基本形体开始练习，从三角形到正方形，再到六边形、五角星等，掌握图形的绘制方式。工具熟练使用后开始练习复杂的图形绘制，最后以人物为主题，进行矢量图的创意设计。

◎ 5 月 9 日，掌握液态金属——液态金属打印机的使用

学生练习使用液态金属打印机，观察打印机的外观和内部构造，了解打印机工作原理及过程，掌握液态金属打印操作步骤。

首先在电脑上利用上位机软件将要打印的图纸进行导入，进行参数调节，将图纸调整到合适大小。打开打印机，安装液态金属墨盒，更换打印笔尖，调试喷墨量、压力、速率等数值，进行打印测试，测试完成后利用上位机软件开始打印学生之前创作的液态金属创意图形设计，在打印过程中注意根据打印情况及时调整出墨量、压力等参数，保证打印效果，培养学生严谨的工程精神。

◎ 5 月 21 日，应用液态金属——液态金属电路打印制作

为学生创设情境，当有人需要夜晚跑步时，在衣服上布置灯光无疑是很好的安全保障措施，而衣服柔软可变形，如何在柔软的衣物上布置电路呢，这就需要用到正在学习的液态金属。学生思考交流电路应该如何设计。

教师进行基本电子电路知识的讲解，讲解部分电子元件原理及连接方式。讲解利用电脑软件进行电路图的绘制及液态金属打印机的操作方式。本项活动引入驻极体话筒、三极管等元器件，学生在实践中了解驻极体传感器的工作原理及三极管的开关、放大作用。学生学习相关知识内容，利用准备好的电子元件进行声感应灯电路设计及组装。利用电脑设计电路图，并独立进行液态金属打印机的调试，安装打印头，测试打印头，调试喷墨量、压力、速率等数值。打印完液态金属电路后进行电子元件贴片，最后测试组装效果（图 9-2）。

图 9-2 学生练习使用液态金属打印机。

通过动手体验操作，带领学生深度领略液态金属的魅力，亲身近距离感受电路快速成型效果，培养学生的动手能力和实践能力。

◎ 6 月 4 日，创作液态金属——液态金属作品创新设计制作

教师引导学生利用液态金属进行创新设计，结合电子元件，结合液态金属本身特性设计创新作品。教师提供案例液态金属校徽的制作（图 9-3），以学校校徽为灵感，设计电路，使校徽能够发光，经过封装后能作为工艺品进行摆放。

学生发散思维，利用液态金属及相关工具材料进行创新作品设计制作，制作完成后由同学和教师进行评价。

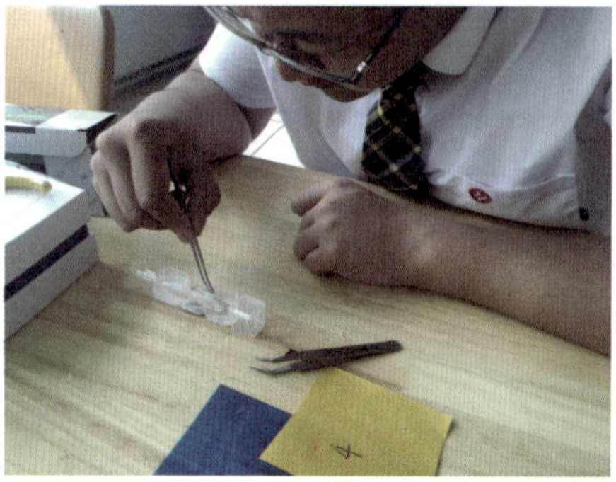

表面处理

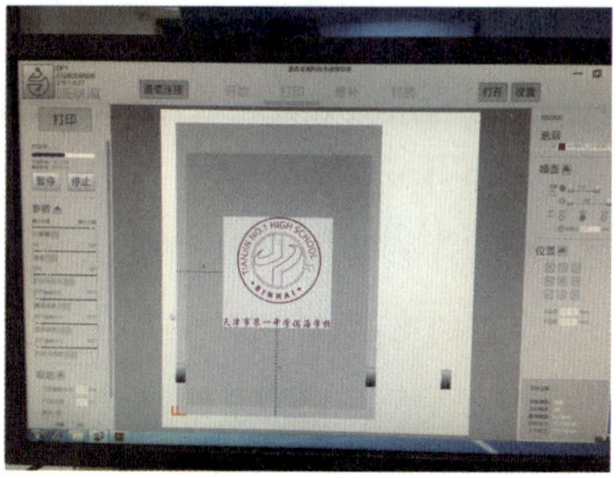

设计电路图

贴片安装

电路测试

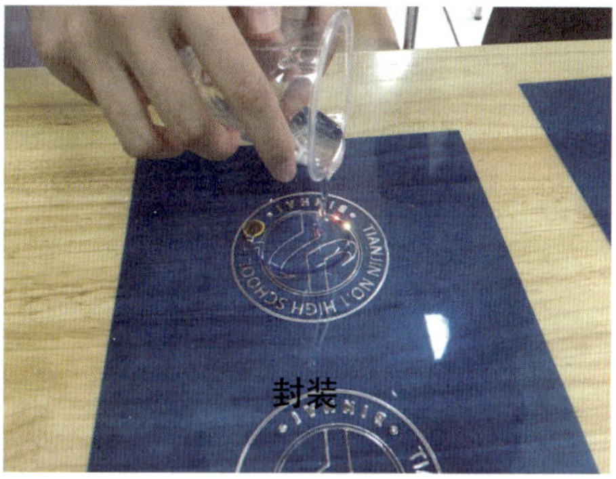

封装

图 9-3 液态金属校徽的制作。

设计意图：培养学生创新精神，利用新技术、新手段进行创新作品设计。学生在交流与评价中，完成对自我的反思，从而使能力得到进一步提高。对学生进行表彰鼓励，增强学生自信心。

（五）可能出现的问题及解决预案

在开展此项活动中，可能会出现一些计划以外的情况。为此，我们对可能出现的问题做了预想及解决方案。

（1）学生对电子电路知识了解匮乏，缺乏兴趣，指导教师应使学生了解学习电子技术的重要意义，并通过了解新型电子技术的应用，培养学生对电子技术的兴趣。

（2）在液态金属作品进行贴片安装的过程中，学生可能会缺乏耐心，产生厌倦情绪，指导教师应积极鼓励学生，耐心指导学生，规范操作，指出错误并纠正。

（3）在使用液态金属的过程中提醒学生注意操作规范，避免发生危险，提前做好安全隐患预案。

（六）预期效果与呈现方式

1. 液态金属艺术创作画

学生在画纸上以液态金属为颜料进行绘画创作，金属质感的表现能够使绘画的表现形式更丰富，学生也能够更熟悉液态金属的特性（图 9-4）。

图 9-4 液态金属创作画成果。

2. 液态金属电子电路作品

利用液态金属打印机打印好电路，并进行电子元件贴片，实现最终效果（图 9-5）。

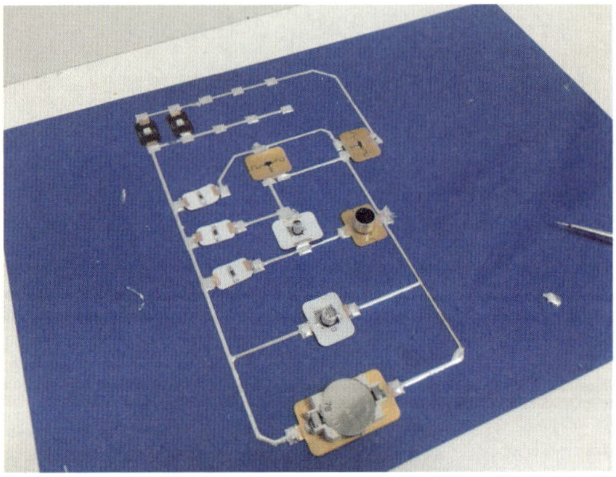

图 9-5　液态金属电子电路作品。

3. 学生自己开发设计液态金属创新作品

学生利用液态金属、液态金属打印机和其他工具材料，自行设计一款具有创新性、实用性、科学性的创新作品（图 9-6）。

图 9-6　学生设计的液态金属创新作品。

4. 心得体会

学生书写整个活动以来的心得体会，在学生深入体验的过程中，必然会遇到困难和挫折，当他们解决问题、攻坚克难的时候，就是他们收获最大的时候，将这种收获记录下来，对学生也是一种财富的积累。

5. 成果文档资料

将活动过程中的文字、图像、视频、演示文稿等相关资料进行汇总并保存，对学生作品进行整理分类，在校内进行专题成果展示。组织全校学生参观学习，对活动中表现突出的学生进行表彰鼓励。通过校园公众号进行新闻报道，扩大宣传面和影响力。

（七）效果评价标准与方式

1. 过程性评价

评价学生在活动开展的过程中，是否有很好的探究与合作，是否合理地运用了相应的科技知识等，注重在活动过程中的知识学习、能力提升。引导学生开展连续的评价活动，对项目创作过程进行规划，对正确的解决方案给予肯定和鼓励，对存在的问题进行反思和修正，通过过程性评价保证了项目创作过程的顺利实施和教学目标的有效达成。

2. 综合素养评价

注重评价学生核心素养的培养和提升情况，具体评价内容如下。

（1）交流沟通和资源协作能力：

1) 用口头、书面等方式表达自己想法的水平；

2) 用信息工具收集、分析和处理各方资讯的能力；

3) 在合作中主动提出设想建议，积极鼓励他人，尊重并理解他人的观点和处境，运用各种沟通方法发掘资源并组织合作等能力；

4) 到一定年龄阶段后，学生表现出的自我评价和自我督导的行为能力，与别人一起交流和分享信息、创意和成果的能力。

（2）工具技能和实践操作能力：

1) 原型创作、参照验证、修正优化的能力；

2) 针对所使用的工具，在基本技能、熟练程度、应用效率等方面展现出的能力等；

3) 在实践操作过程中展现出的主动求知的学习热情、实事求是的科学态度、严谨细致的实践素质、敢于质疑的审辩式思维、百折不挠的强者心态、求新求变的创客精神等。

（3）问题发现和方案规划能力：

1) 学生在实践过程中观察、实验、调查研究、查阅资料等方面的表现；

2) 提出创意、规划方法、设想过程、形成方案的能力；

3) 在方案形成期与各方面进行信息互动、科学论证的能力等。

3. 团队评价

在整个活动中对团队进行评价，评价团队职责分工是否明确，是否进行了有效的合作，是否营造了和谐的氛围，是否发挥了每个人的最大长处，遇到困难是否能做到协调配合、通力合作等。例如，在一个团队中可以有组长、硬件负责人、程序负责人、文案负责人等不同的角色，在活动中，各个角色要不断地进行沟通、讨论，从而完成一个最优的成果。

4. 结果评价

教师对学生作品进行多维度评价，具体评价内容见附录 1。

学生对自身作品进行多维度评价，具体评价内容见附录 1。

学生对其他同学作品进行多维度评价，具体评价内容见附录 1。

通过自评、互评，学生将自己完成的作品与他人作品和评价标准进行对比，发现自身作品的优点及与优秀作品之间的差距，有益于培养学生批判性思维和作品的完善，驱动学生开展自主学习、发现问题和解决问题。

（八）对青少年“益智、养德”等方面的作用

（1）本次活动的开展使学生了解了新型电子技术，深入领略了现代电子技术的魅力，提升了学生的综合素养，培养了学生对待先进科学知识的积极情感。

（2）本次活动的开展培养了学生搜集信息、处理信息的能力，提高了学生发现问题、分析问题、解决问题的能力，锻炼了学生的动手能力，培养了学生的实践意识、技术意识，锻炼了学生的工程思维，有效提升了学

生的技术素养。

（3）本次活动的开展培养了学生团队合作的精神，使学生学会包容、豁达、协作、担当。在修改、调整的过程中也培养了他们的耐心，磨炼了他们的毅力，使他们的思想品德得到更加健全地发展。

本活动综合电子电路等理论知识及新材料、智能硬件等前沿科技方向，创造性设置一系列活动内容，培养了学生的“学科交叉融合”、分析问题和解决问题的能力，提升了学生的学习能力，使学生掌握了更快学习新知识、新技术去解决未来发展中出现的问题的能力，为学生的人生发展奠定基础。

参考文献

[1] 任思颖．新课改下电子技术实践教学的实施 [J]. 科技资讯，2018(32).

[2] 李福武．基于“翻转课堂”电子技术实践项目的教学设计 [J]. 电子技术与软件工程，2018(24).

[3] 梁丽．数字电子技术课程实践教学的改革与实践 [J]. 中国现代教育装备，2018(19).

[4] 王乐民．电子技术实践实训教学的创新思路研究 [J]. 无线互联科技，2017(16).

第10章　开启“天宫”的梦想
——航天科普实践活动方案

活动设计开发人员：王凯

设计单位：天津市河北区光明小学

指导教师：天津师范大学　孙宝玲

适用年级：1～6年级

一、活动背景

作为新时代的学生，您是否了解世界航天简史？是否知道我国航天的发展历程？是否关注过“两弹一星”的发射和“东方红一号”的顺利升空？“钱学森、邓稼先等老一辈航天专家”的英雄事迹是否深入了解过？是否深入学习过神州系列飞船、嫦娥探月工程、天宫一号太空实验室？

随着杨利伟乘坐神舟五号飞船首次进入太空，翟志刚第一次舱外行走，王亚萍第一次太空授课，嫦娥月球探测器的绕、落工程的顺利完成，我国的航天航空领域不断取得辉煌成就，一次又一次地震惊了世界航天领域。

2005年，时任总理温家宝在看望钱学森的时候，钱老感慨道：“这么多年来培养的学生，还没有哪一个的学术成就，能够跟民国时期培养的大师相比。”钱老又发问，“为什么我们的学校总是培养不出杰出的人才呢？”

为了破解“钱学森之问”，通过学生不断深入了解世界航天史、中国航天发展辉煌成就，参加航天知识竞赛、航天科普征文，制作天宫一号纸模，实地探访中国航天员训练基地等一系列活动，使孩子们从小树立了刻苦钻研的科学态度，独立自主的创新意识，“严谨务实，勇于攀登”的航天精神激发了学生的爱国情怀。我们在学校开展了“开启天宫的梦想”主题系列科普实践活动，在该活动中孩子们能在航天世界中遨游。这项活动具有可操作性和普及性，孩子们感到自己与祖国的航天事业有更加紧密的联系，要为祖国的航天航空事业努力学习。

二、活动方案对象

全校 1 ~ 6 年级全体学生，其中以 32 名航天社团学员为核心，他们作为主要活动对象参与全部活动内容，并将所学内容带动全校同学一起学习，起到以点带面的辐射作用。

三、活动方案目标

（1）全体学生通过“开启天宫的梦想”系列活动了解世界航天简史，牢记钱学森、杨利伟等为祖国航天事业做出突出贡献的伟人的名字和事迹。不断探索、关注神舟系列飞船、嫦娥探月工程、太空实验室等航天大事件，顺利完成全国航天知识竞赛和科普征文活动。航天社团的学生要学会制作“天宫一号”纸模并实地参观航天基地。

（2）全体学生能够自主搜集整理世界航天简史、中国航天大事记、重点人物、事件、发展历程等内容，具备灵活运用、顺利完成航天知识竞赛和航天科普征文的能力。航天社团学生通过制作“天宫一号”空间实验室纸模活动，具备独立识图、熟练使用工具、勤于动脑和动手的能力。

（3）全体学生在“开启天宫的梦想”系列活动中以“严谨务实，勇于攀登”的航天精神激发强烈的爱国情怀，通过参加航天知识竞赛体现个人价值，增加集体荣誉感；通过模型制作活动培养严谨务实的科学态度；通过参观航天员训练基地等亲身体会自力更生、艰苦奋斗、大力协同、无私奉献、特别能吃苦、特别能战斗、特别能攻关、特别能奉献的载人航天精神。

四、活动材料、场地

活动材料：电脑，天宫一号纸模，剪刀，白乳胶，美工刀，铅笔，直尺，中国地图。

活动场地：教室，操场，航天俱乐部（航天社团活动室），计算机教室，图书馆，礼堂，航天员训练基地（参观）。

五、活动重难点、创新点

（一）活动重点

（1）加强对中国航天的发展历程、重点人物、重大事件的深入了解。

（2）参加航天科普知识竞赛，可提高学生的动手能力，培养航天精神与爱国情怀。

（二）活动难点

活动时间历时 1 年，通过课堂学习、航天科普讲座、小小故事会、集体观影、知识竞赛、科普征文、模型制作、实地参观等活动形式培养学生们保持足够的热情与兴趣。

（三）活动创新点

（1）撰写《我爱祖国航天》校本教材，开设航天校本课程，成为我校独创的天津市唯一的航天教材。

（2）考虑小学阶段学生年龄跨度较大，设计了适合不同年龄阶段的活动内容、目标要求。

（3）采取请进来、走出去的办法。充分利用身边资源，积极联系中国宇航学会，把航天专家请进来，去到航天科普基地实地参观学习。

六、具体活动内容与实施过程

系列活动分为4个部分，即探梦天宫、寻梦天宫、追梦天宫、圆梦天宫。

（一）系列活动一：探梦天宫（共8课时）

1. 学习世界航天史、人类第一次探月、登月（第1课时）

三、四年级学生通过每周1次《我爱祖国航天》校本课程学习时间，学习了解世界航天的发展概况及发展历程，重点国家、重点人物所做出的突出贡献，以及我国在世界航天领域的地位与发展轨迹。着重了解并掌握人类第一次探月和登月的历史意义和巨大贡献，并搜集整理重点人物及相关故事。

2. 小小航天故事会（第2课时）

教师在校本课堂上开展“小小航天故事会”活动，4个人1小组，以小组推荐的形式通过学生讲解航天故事来培养学生人人知道航天故事、人人都会讲航天故事，从而达到学习目的。

3. “两弹一星”与钱学森（第3课时）

与信息技术老师达成共识，五、六年级学生利用信息技术课上网收集整理中国的“两弹一星”、钱学森等老一辈航天专家的所有报道、事迹等相关资料。中国的“两弹一星”是20世纪下半页中华民族创建的辉煌伟业，“两弹一星”所反映的精神是民族正气的史诗，钱学森同志被誉为“中国航天之父”“中国导弹之父”“火箭之王”“中国自动化控制之父”，因此学生了解并学习“两弹一星”与钱学森的相关知识对于本次活动来说至关重要。

4. 校德育处利用校园网络班班通组织全校学生观看《国家命运》（第4课时）

《国家命运》是一部史诗大剧，讲述了“两弹一星”及其信念,记录了在经济贫困、技术薄弱和工作条件艰苦的情况下,20世纪60年代的科学家们以惊人的智慧与毅力,创造出“两弹一星”的民族奇迹。全剧共29集，我们只能选择前2集和最后两集进行观看，通过观看让同学们深刻领会我国为什么要搞两弹一星，为什么在当时那么艰苦的条件下还能够取得成功。让学生直观了解钱学森、邓稼先等老一辈航天专家做出的卓越贡献，以及他们“严谨务实，勇于攀登”的航天精神，增强学生们的民族自豪感。观看后要求 4~6 年级学生在一周内完成观后感。

5.《国家命运》观后感主题班队会（第 5 课时）

我校部分师生在观看《国家命运》后，被精彩情节的吸引，利用课余时间积极追剧，看完了整部电视剧。在校德育处的安排下，4~6 年级班主任老师利用“弘扬航天精神”主题班会与学生一起讨论剧情，分析人物特点及各主要人物的丰功伟绩，再一次让学生深刻领会了我国航天人的自力更生、艰苦奋斗、大力协同、无私奉献、特别能吃苦、特别能战斗、特别能攻关、特别能奉献的航天精神。以主题班会的开展为契机指导兴趣浓厚的学生完成《国家命运》的观后感并报送学校德育处。

6. 在每日校园广播时间安排优秀学生宣读自己的读后感（第 6 课时）

德育处从 4~6 年级报送的观后感中选出 5 篇优秀作品，利用每日的校园广播 10 分时间向全校师生宣读。此活动持续 1 周，全校师生都沉寂在两弹一星发射成功及老一辈航天专家为了祖国的航天事业抛头颅洒热血的英勇事迹中，将“探梦天宫”活动掀起一个小高潮。

7. 专家讲座：我国航天的几个重大工程与英雄人物（第 7 课时）

经中国宇航学会推荐我校聘请航天专家（8358 研究所尹怀琴教授、航天科普爱好者谭旭老师）向全校师生讲解神州系列飞船的发展历程与准确的发射时间、完成的预期目标、中国实验空间站的准备与建立、中国的探月工程嫦娥系列“绕、落、回”等重大工程，详细介绍了中国的四大航天发射基地的地理位置、地域优势、发射规模、周边环境等一系列知识。

8. 自主探究：利用周会课时间开展航天知识总结，为“寻梦天宫”做最后的准备（第 8 课时）

根据学生们的年龄特点，选择不同的活动方式：低年级画一画；中年级写一写、做一做；高年级比一比、赛一赛。

一、二年级：以班为单位，科学教师宣布绘画主题为“美丽的太空”，以科幻画的形式开展“画航天”活动，每班报送 2~3 篇优秀绘画作品。科学与美术教师对科技创意和绘画技巧进行单独辅导，留存优秀作品在校科技橱窗展示，并准备参加每年一度的科幻画比赛。

三、四年级：以班为单位，科学教师宣布手抄报主题为“我爱祖国航天”，各班班主任选派制作小组制作航天手抄报，每班报送 3~4 份，由年级组长负责在年级中进行评比，并将优秀手抄报由校德育处张贴在学校科普宣传栏面向全校师生展示。

五、六年级在校德育处，大队辅导员组织下参加科技辅导员确定与航天有关的校级知识擂台赛。五、六年级各班选派 4 名学生代表班级成立参赛队。首先在年级内（10 道必答题和 10 道抢答题）进行选拔，得分高的 4 支参赛队伍参加校级（5、6 年级共 8 支参赛队）“航天科普知识”擂台赛，赛后按照得分确定前六名的班级，并由校德育处进行表彰。此项比赛积极调动了五、六年级各班的活动兴趣，为参加全国航天知识竞赛做了充分准备，为系列活动之二“寻梦天宫”打下了坚实的基础。

“探梦天宫”活动的开展，使载人航天科技知识在学校得到全面普及，使同学们看到了祖国航天事业的飞速发展，为强大的祖国感到骄傲和自豪。

（二）系列活动二：寻梦天宫（3 课时）

“寻梦天宫”的开展是对前期“探梦活动”的延续与检验，学生在活动中找到了自己的差距，明确了自己的兴趣爱好，为学校后期选拔航天社团学员、评选“航天知识小达人”提供了依据。

1. 准备航天科普知识竞赛（第 9 课时）

五、六年级学生每周一节信息技术课，课上组织学生浏览活动网站（www.csaspace.org.cn），学习竞赛规则，模拟竞赛答题，为参加知识竞赛做充足准备。

2. 开始竞赛（第 10 课时）

由于学校信息技术教室有限，在中国宇航学会规定时间内组织航天社团学生及五、六年级部分学生网上答题，答题时间为 20 分钟，答题后上传。网上答题的同时将知识竞赛题目下载并打印，分发给其余三、四年级学生进行卷面答题，答题后封存，由学校科学老师阅卷，并将竞赛答案张贴在校宣传栏，以备学生及时改正自己的错误。

3. 开展航天科普征文活动（第 11 课时）

语文教师利用周作文课的时间组织 3~6 年级全体学生积极参加全国青少年载人航天科技征文活动。

3~6 年级同学在前期活动的基础上撰写航天作文，语文教师逐篇点评，选拔优秀作文报送学校，由学校统一报送参加全国评选。

活动预期目标：通过知识竞赛、航天征文活动激发了学生们对航天科技的兴趣，不断探索的科学精神，严谨务实的科学态度，学生们在寻梦“天宫”的活动过程中收获了更多成功与喜悦。

（三）活动三：追梦天宫（共 3 课时）

全校性的“开启天宫的梦想”活动告一段落。在前期的系列活动中，部分学生确立了自己热爱航天科技的兴趣，并积极加入航天社团的活动队伍中。他们不仅在前期活动中积极参与，而且成绩优异。他们热爱科学、热爱航天，将来也想致力于祖国的航天事业。对于这些航天社团的学生来说，追梦天宫才是他们活动的开始。

从“看”到“学”已经不能满足他们的兴趣要求，那么追梦天宫就让他们从做开始。

1. 制作天宫一号纸模（第 12 课时）

（1）介绍“天宫一号”：“天宫一号”是我国第一个目标飞行器，于 2011 年成功发射，目前已经完成了与“神州八号”“神舟九号”“神舟十号”飞船的对接任务。“天宫一号”的发射标志着中国已经拥有了建立空间站的能力，同时标志着中国迈入中国航天三步走战略第二步的第二阶段。

（2）学做圆柱体。仔细观察“天宫一号”模型，它的舱体形状为圆柱体，说一说如何才能使制作的圆柱体均匀、表面光滑无折痕？如果用手直接卷弯纸张（尤其是卡纸），很难卷得圆滑，纸张上常会留有折痕？利用身边的物品找一些圆柱形的物体作为辅助工具，教师演示，学生尝试。利用圆柱形的物体来卷纸，既方便快捷还很光滑无折痕。

（3）学生制作“天宫一号”中圆柱体的部件。

（4）剪切各部件并将实验舱、资源舱、对接机构的圆柱体、圆台体分别卷好、粘贴。学生制作，教师巡回指导。展示圆柱体、圆台体粘贴后的学生作品。粘贴实验舱、资源舱、对接机构和圆台，注意舱体粘贴顺序。

（5）学生动手制作粘贴天线和太阳能电池板。天线比较细小，可以使用镊子等工具辅助制作。展示：太阳能电池板未加固的模型半成品。

（6）讨论思考，改进结构。观察“天宫一号”模型，这两片太阳能电池板的安装有什么问题？是否会上下晃动？原因是什么？有什么办法可以解决？教师引导学生探究解决办法：可以使用牙签或细铁丝穿过圆柱和电池板，以增强强度；也可以制作支撑结构让学生改进太阳能电池板的组接结构。

2. 拓展创新，制作支架（第 13 课时）

教师展示人造天体图片。让学生选择一个自己喜欢的人造天体，根据其结构寻找合适的废旧材料制作模型。从造型设计、材料选择、切割、粘接等方面引导学生进行制作。为了更好地展示模型，可以为模型制作一个支架。观察教材中的图片，说一说这些支架在结构上有什么共同点和不同点。教师从材料选择、支架的稳定与强度、与模型的组接方式等方面引导学生进行设计制作。

3. 交流分享，评评议议。（第 14 课时）

让学生展示作品，比一比谁的“天宫一号”模型制作得最好，特别是太阳能电池板的加固设计巧妙、制作精细。 引导学生客观地进行自评、互评，着重对步骤正确、连接稳定、粘贴牢固、整洁美观等方面进行评价。教师对优秀学生作品进行点评，将所有作品摆放在学校科技橱窗面向全校师生展示。

活动预期目标：“寻梦天宫”和“探梦天宫”是整个活动的成果展示，是对孩子们付出的一种肯定：学校的橱窗布满了他们的模型作品，校园广播站播放着他们撰写的《国家命运》观后感，校园的宣传栏展示着他们的手抄报、科幻画，孩子们体会着航天科技给他们带来的快乐与荣誉。虽然此环节并不代表整个活动的完结，但是作为成功的典范，更能指导此项活动在我校深入有序地开展。

（四）活动四：圆梦天宫（一天）

随着“开启天宫的梦想”活动的开展与不断深入，航天社团的学生已经不能满足在校内活动。走出去让他们亲眼看看真实的航天器、摸一摸杨利伟乘坐的神舟五号飞船、亲自品尝航天食品、体验航天员的生活，已经成为他们的活动梦想。为了圆他们的航天梦，为了他们能够走进实地亲身体会我国航天员自力更生、艰苦奋斗、大力协同、无私奉献、特别能吃苦、特别能战斗、特别能攻关、特别能奉献的载人航天精神，校德育处与科技老师积极联系中国宇航学会，通过多次洽谈与对接，安排校航天社团师生代表参观中国航天员科研训练中心，他们不仅看到了真实的同比例的神州五号飞行器模型、同比例的火箭模型、中国自主研制的航天服，还品尝了品种丰富的适合国人口味的航天食品。他们真正地走到了航天员的身边，模拟航天员的部分训练，真实地了解了我国航天科技取得的辉煌成就与航天员的艰苦训练密不可分。在神舟飞船模拟发射活动室，学员们亲身参与神舟飞船模拟发射，真实体验了飞船发射的全过程，深入了解了神舟飞船在发射过程中所有系统、部门执行发射任务时的工作情况。此次参观活动圆了航天社团学员走进中国航天、感触和体验航天科技的梦想。

活动筹备：积极与中国宇航学会联系，由宇航学会提供学生可参观、活动、实践地点（航天员训练基地、中国航天博物馆、东高地青少年活动中心，天津航天五院为备选）

(1) 与活动场所直接对接确定活动时间，制订活动方案。

(2) 将活动方案报送上级主管教育部门报备。

(3) 车辆准备、人员安排、保险。

(4) 活动准备、确定活动人数、发家长信（获得家长支持）。

(5) 再次与活动场馆对接确定活动内容。

(6) 制订活动预案，确定安保人员与医疗保障。

(7) 开始活动。

七、活动评价与总结

（1）在活动过程中突出过程式评价，在活动结束后进行总体性评价。注重质性评价，将教师评价、生生互评与自评相结合，培养学生的自信心与求知欲，尤其要重视学生在参与活动时对世界航天发展简史及中国航天发展历程、重要人物等知识的掌握和创新设计制作模型活动的拓展，从多角度对学生了解到的知识进行总结评价，最终评选出表现突出的学生，并授予“航天小达人”称号，统一在校内进行表彰和奖励，以增强学生的荣誉感。

（2）活动收获：航天社团的学生参加由中国科学技术协会、中国载人航天工程办公室、中国航天科技集团公司共同主办，中国科协青少年科技中心、中国宇航学会承办的探梦“天宫”——青少年科学实验搭载方案征集活动。他们运用掌握的航天知识为“天宫一号”设计了九种搭载方案，其中《三原色粉混合实验》方案荣获全国一等奖（天津仅此1个），同时获得太空科学实验搭载方案奖（全国仅5个）。

八、可能出现的问题及解决预案

（1）此活动历时时间较长，需要将近一年的时间，孩子们会产生厌倦的情绪。学校根据情况会同校德育处、大队一起给予孩子一定的精神和物质奖励，以此激励孩子们对待活动的热情。老师要多鼓励学生，培养他们学习、收集、整理的习惯，低年级学生可以与美术学科的科学幻想画联系起来，让孩子们在“探梦天宫”的过程中画出自己理想中的太空，并参加天津市青少年科技创新大赛的科幻画评比活动。

（2）在听专家讲座前，考虑到学生对中国航天发射场相关地理位置的熟悉程度，教师要提前准备好中国地图并及时标注相关地理位置提供给学生，以便学生的理解与掌握。

（3）在模型制作环节，剪刀、美工刀等刀具的使用教师一定要提示学生注意安全。

（4）在实地参观环节，人员安排、车辆准备、通讯、医疗保障等环节一定提前做好预案，保证此活动能够安全、高效的圆满完成。

九、预期效果与呈现方式

（1）对于全校性的活动，我们充分利用了校园网络班班通、校园广播站、科技橱窗等硬件设备，采取了德育牵头、各学科教师协同合作的形式巩固学生对航天知识的掌握。通过询问家长、自主学习、查找资料等方式进一步学习两弹一星、中国航天发展历程等相关知识。系列活动激发了学生学习航天知识的兴趣，也为后面的选拔航天社团队员奠定了基础。

（2）对于航天社团的系列活动，由浅入深，层层递进，有理论知识，有动手实验操作，有参观访问，还有总结交流展示，使社团学生的能力得到很大的提高。

十、活动延续

祖国的航天事业是一项不断发展、不断进步的伟大事业，最终要造福于全人类。对于学校来说这也是一项持续发展的科普教育活动，学校只有在今后的活动中不断总结、不断积累、不断学习才能使学生们掌握更多航天知识，汲取更多营养，获得更多活动乐趣，真正地体验“勇于攀登，严谨务实”的航天精神。

图 10-1　学生们认真答题。

图 10-2　语文老师从写作技巧上进行个别指导。

图 10-3　征文比赛颁奖。

图 10-4　辅导员讲解“天宫一号”的制作方法。

图 10-5　学生们开始制作。

图 10-6　活动总结与汇报。

【点评】该科技实践活动基于学校校本课程开发，主要依托校本教材《我爱祖国航天》而开展，在考虑不同年龄段学生的认知水平差异，借助于航空航天专家讲座、航模制作、航空基地观摩、作文写作等多项活动，开展符合学生年龄特点的科技活动，以此来激发学生们对航空航天科学的热爱，从而树立远大的科技报国志向。本系列活动是科学家、场馆人员、一线教师和学校领导共同参与协作完成的一项科技实践活动，这类综合利用各类科技教育资源开展科技实践活动的模式值得广为推广。

第 11 章　“科技打地壶”的设计智慧

活动设计开发人员：王宏鹏

设计单位：天津科学技术馆

指导教师：天津经济技术开发区国际学校　赵立群

适用年级：3~12 年级

一、活动概述

（一）活动主题

依据第八届天津市青少年科技类综合实践活动竞赛通知，通过对规则、学生、要求、注意事项等内容的认真分析、判断，将针对该活动的科技教育课程方案定为《“科技打地壶”的设计智慧》，活动主题定为“科技助成长，设计藏智慧”。

（二）活动背景

2022 年北京冬奥会获得巨大成功，其中科技助力冬奥成为引人注目的亮点；同时越来越多的人关注冰雪运动，参与冰雪运动。第八届天津市青少年科技类综合实践活动根据冰壶运动的特点，举行“科技打地壶”活动，旨在鼓励青少年在关注冰上运动的同时，进一步提升科技创新能力，促进德智体美劳全面发展。

地壶游戏是一种益智类的运动游戏，最早由德国科学家奥托·巴特勒提出，并经过英国化学家研究得到完善。美国科学家詹姆斯·奥托·巴特勒认为游戏是一个可以在学生中普及的活动。“科技打地壶”旨在让学生在活动过程中培养自己在思考和解决问题时，必须首先通过计算而得出结论的能力。本次活动主要围绕竞赛规则，讨论地壶与投壶器的设计思路，实现“怎么玩才能打出好成绩”来进行，设计了地壶游戏方案，让学生们通过观察、实验、比较、归纳等过程来认识客观事物，解决问题。同时认识到只有不断地运用所学知识积极主动地发现问题、增强团队合作意识，才能创造出最好的解决方案。通过“科技打地壶”活动培养学生观察生活、利用废旧物品动手制作及动手操作等能力。

（三）活动意义

为了激发学生的创新意识，培养学生思维的灵活性和创造性，培养学生的创新精神和实践能力，培养学生的动手能力和团队合作精神，增强学生的创新能力，提高学生的综合素质。地壶游戏作为一项智力游戏，需要学生们在游戏过程中探索和掌握一定的科技原理和基本操作技能。学生在活动过程中可以得到价值体认、责任担当、问题解决、创意物化等多维度的收获。认识到只有运用自己最熟悉、最擅长完成的操作技能才能为自己创造出最好成果。通过“科技打地壶”提高了学生运用计算机处理图文的能力和操作技能，培养和提高了学生们的科学探究意识和创新意识。

二、活动规则

科技类综合实践活动的参赛规则，以市级竞赛活动为基础，进行校本化活动调整，使之更有利于学生的能力提升。学生每组 4 人，“设计师”若有更多设计，可以组不同队参赛，按照规则制作 1 个投壶器，并制作若干地壶，进行地壶竞技。

（一）场地规格

根据活动策划，在标准训练场地（长 7.5 米、宽 1.5 米）上进行项目测试，地面条件可选择学校相对光滑且水平处，如图 11-1 所示喷绘的场地，并在课程实施的过程中，依据教师的指导准备相应的文件。

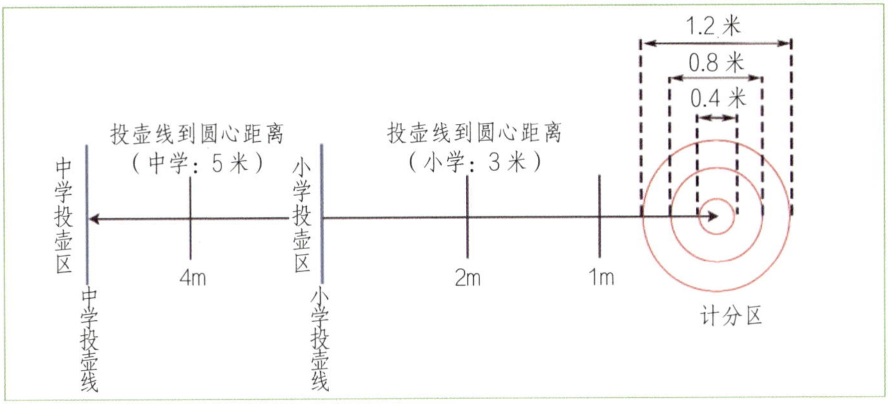

图 11-1 市级竞赛活动标准场地。

（二）地壶制作要求

（1）地壶俯视为直径 8~10 厘米的圆形，重量不限。

（2）提倡选择现有的废弃物品作为材料进行制作。

（3）地壶不带磁性和动力装置，外表面无黏性。

（4）设置 1~8 个编号，投射时不重复使用。

（三）投壶器制作要求

（1）自行设计制作投壶器。

（2）装置不用电能。

（3）具备弹或推的功能。

（4）提倡选择现有的废弃物品作为材料进行制作。

（5）同组的 4 个队员可共用同一个投壶器。

三、计分方法

为精准对接各级比赛活动，计分方法使用天津市统一计分规则。为了更方便指导教师使用，笔者结合历年多项赛事的评审经验对项目的计分表进行重新设计，如表 11-1 所示，最终表格既可以满足教师的诉求，又可以让学生在活动的过程中参与竞赛的评审工作，使活动呈现出分析规则→提出问题→设计方案→测试方案→规范计分→修改方案→完善设计→再次测试→拍摄记录→优中选优→完成竞赛的整体流程。

（一）投壶过程

（1）投壶时，污染场地扣 1~5 分。

（2）地壶未投出时，地壶与投壶器均不得超出投壶线。

（3）地壶投出后，人的身体接触地壶计 0 分。

（4）地壶出现滚动、跳跃、飞行等脱离与地面接触的情况计 0 分。

（5）每名组员依次按地壶序号顺序投 2 壶，投壶结束时全部地壶静止，进行计分。

（6）比赛时间：每名队员计时 3 分钟，含调试投壶器、试投，全队不得超过 12 分钟。调试、投壶每超时 1 分钟均扣 2 分，超时不足 1 分钟按 1 分钟计算。

（7）投入小圈计 10 分，中圈计 7 分，大圈计 4 分。1 米以内计 1 分，1 米以上计 2 分，场地以外计 0 分。压线计分下降一级。总分低于 16 分，不能参与后续评审。

（8）地壶在行进过程中出现破裂分解等情况，该地壶成绩计 0 分。

（二）海报设计

要求：格式规范（JPG 格式）、清晰明了；图文并茂；富有想象力；有创新性。

以上每项计 1 分，最高计 3 分。

（三）汇报演讲

（1）格式规范，MP4 格式，穿着得体（1 分）。

（2）口齿清晰，语言流畅（1 分）。

（3）科学严谨（1 分）。

（4）清晰完整的表达（1 分）。

（5）设计和制作投壶器的主要过程交代清楚、合理（7 分）。

（6）设计和制作地壶的主要过程交代清楚、合理（7 分）。

（7）练习投壶并争取好成绩的研究过程和心得（7 分）。

（8）演讲限时 120 秒，超时 1~30 秒扣 1 分，超时 30~60 秒扣 2 分，超时 60 秒以上汇报演讲计 0 分。

（四）地壶制作

（1）外形：像冰壶（3 分）。

（2）美观：符合大众审美（3 分）。

（3）环保：废物利用，成本低（3 分）。

（4）创意：设计有创意（3 分）。

（5）创新：有创新设计（3 分）。

（五）投壶器制作

（1）操作：简便、安全（3 分）。

（2）美观：符合大众审美（3 分）。

（3）环保：废物利用，成本低（3 分）。

（4）创意：设计有创意（3 分）。

（5）创新：有创新设计（3 分）。

表11-1 “科技打地壶”计分表

<table>
<tr><td colspan="2">组员</td><td colspan="2">组别 初中组 编号</td><td colspan="4">第　组</td><td></td></tr>
<tr><td rowspan="2">序号</td><td rowspan="2">内容</td><td colspan="2" rowspan="2">规则</td><td colspan="4">组员（个人最高20分）</td><td rowspan="2">最后得分</td></tr>
<tr><td>1</td><td>2</td><td>3</td><td>4</td></tr>
<tr><td rowspan="3">1</td><td rowspan="3">投壶过程（80分）</td><td colspan="2">1.投入小圈计10分，投入中圈计7分，投入大圈计4分
2.投入圈外计分如下（测量壶体距投壶线最近端）：地壶驶离投壶线1米以内得1分，驶离投壶线1米以上计2分，驶离提供的场地计0分</td><td rowspan="3"></td><td rowspan="3"></td><td rowspan="3"></td><td rowspan="3"></td><td rowspan="3">低于16分不能参与成绩评判</td></tr>
<tr><td colspan="2">压线：如果压线，得分下降一级，即压小圈线计7分，压中圈线计4分，压大圈线计2分</td></tr>
<tr><td>扣分情况</td><td>1.如污染场地，扣1～5分
2.壶投出后人的身体接触地壶计0分
3.出现滚动、跳跃、飞行等脱离与地面接触的情况计0分
4.调试、投壶限12分钟。每超时1分钟均扣1分，超时不足1分钟按1分钟计算
5.壶在行进过程中出现破裂、分解等情况计0分</td></tr>
<tr><td rowspan="3">2</td><td rowspan="3">海报（3分）</td><td colspan="2">1.格式规范：JPG格式、清晰明了，39cm×54cm（1分）</td><td></td><td></td><td></td><td></td><td rowspan="3"></td></tr>
<tr><td colspan="2">2. 图文并茂（1分）</td><td></td><td></td><td></td><td></td></tr>
<tr><td colspan="2">3. 富有想象力、有创新性（1分）</td><td></td><td></td><td></td><td></td></tr>
<tr><td rowspan="2">3</td><td rowspan="2">文件（2分）</td><td>地壶、投壶器照片</td><td>JPG格式；清晰表达地壶、投壶器的构造（1分）</td><td></td><td></td><td></td><td></td><td rowspan="2"></td></tr>
<tr><td>成本清单</td><td>Doc文档，内容真实（1分）</td><td></td><td></td><td></td><td></td></tr>
</table>

（待续）

表11-1 “科技打地壶”计分表（续）

<table>
<tr><td colspan="2">组员</td><td></td><td>组别</td><td>初中组</td><td>编号</td><td colspan="4">第　　组</td><td></td></tr>
<tr><td rowspan="2">序号</td><td rowspan="2">内容</td><td colspan="4" rowspan="2">规则</td><td colspan="4">组员（个人最高20分）</td><td rowspan="2">最后得分</td></tr>
<tr><td>1</td><td>2</td><td>3</td><td>4</td></tr>
<tr><td rowspan="8">4</td><td rowspan="8">汇报演讲（25分）</td><td colspan="4">1.格式规范：MP4格式、穿着得体，MP4格式（1280 X 720）（1分）</td><td></td><td></td><td></td><td></td><td></td></tr>
<tr><td colspan="4">2.口齿清晰，语言流畅（1分）</td><td></td><td></td><td></td><td></td><td></td></tr>
<tr><td colspan="4">3.科学严谨（1分）</td><td></td><td></td><td></td><td></td><td></td></tr>
<tr><td colspan="4">4.完整清晰的表达（1分）</td><td></td><td></td><td></td><td></td><td></td></tr>
<tr><td colspan="4">5.设计和制作投壶器的主要过程交代清楚、合理（7分）</td><td></td><td></td><td></td><td></td><td></td></tr>
<tr><td colspan="4">6.设计和制作地壶的主要过程交代清楚、合理（7分）</td><td></td><td></td><td></td><td></td><td></td></tr>
<tr><td colspan="4">7.练习投壶并争取好成绩的研究过程和心得（7分）</td><td></td><td></td><td></td><td></td><td></td></tr>
<tr><td>扣分情况</td><td colspan="3">1.演讲限时120秒，超时1～30秒扣1分
2.超时30～60秒，扣2分
3.超时60秒以上计0分</td><td></td><td></td><td></td><td></td><td></td></tr>
<tr><td>5</td><td>地壶制作（15分）</td><td>2张JPG格式</td><td colspan="3">1.外形：像冰壶（3分）
2.美观：符合大众审美（3分）
3.环保：废物利用，成本低(3分)
4.创意：设计有创意（3分）
5.创新：有创新设计（3分）</td><td></td><td></td><td></td><td></td><td></td></tr>
<tr><td>6</td><td>投壶器制作（15分）</td><td>2张JPG格式</td><td colspan="3">1. 操作：简便、安全（3分）
2. 美观：符合大众审美（3分）
3. 环保：废物利用，成本低(3分)
4. 创意：设计有创意（3分）
5. 创新：有创新设计（3分）</td><td></td><td></td><td></td><td></td><td></td></tr>
<tr><td colspan="6">总计</td><td></td><td></td><td></td><td></td><td></td></tr>
</table>

四、课程设置

科技类综合实践活动是天津市青少年科技教育的重要评价平台，也是青少年科技创新教育的重要课程资源。本次青少年科技创新教育将科技创新活动融入学生的学习、生活和社会实践活动，使学生在全面发展的基础上积极进取，主动创新。课程设置以拓展课、社团课等形式开展。

（一）主要目标

通过科学探究和实验，培养学生的创新意识、能力和方法，以及必备的科学素养和综合素质。科技教育以培养学生的创新精神和实践能力为核心，以增强学生对科技知识的了解和应用能力为目标，以培养学生创新意识和实践能力为重点。学生既是科技创新活动的参与者和实施者，也是科技意识和创新能力的创造者。具体而言要注重创新实践能力和良好的科学素养的培养。

引导学生关注社会热点问题，如冬运会的冰壶运动等。培养学生的创新意识和实践能力，为促进科技创新人才的培养打下坚实的基础。使学生认识到科技创新是解决现实问题的一种手段，是社会发展过程的必然要求，是社会进步的动力之一；同时鼓励教师以问题为导向，开展一系列研究工作，提高教学效率；引导学生通过参与社会实践活动来了解社会生活及科技发展的最新动态，丰富个人与社会生活相联系的阅历，培养创新意识及综合素质。通过开展科技创新活动，培养学生的创新意识、解决实际问题、动手操作等的能力，形成良好的道德品质与行为习惯；使学生学会利用科技手段解决日常生活中遇到的实际问题，提高科技创新能力。让学生学会发现问题、分析问题和解决问题的方法；使学生初步了解科学创新实践活动的一般步骤及过程；使学生学会科学探究能力，发展科技创新意识和应用方法；使学生养成初步的科学素质与人文素质协调发展的能力。

（二）内容设置

天津市青少年科技类综合实践活动是众多学校的素质拓展的课程资源，一年一度的竞赛活动试题，不断丰富着学校的综合实践活动课程。以教学为主要形式组织同学们进行科学探究，通过一系列活动的开展使学生不仅在认知水平上有所提高，更重要的是在交流与合作上有了新突破，学会了创新，从而为终身学习打下良好的基础。而实践活动是实现学习目标和提升实践能力的有效途径。因此将其作为学校科技创新教育的重要内容之一进行开发、设计和实施，目的是以兴趣为先导、以科技创新为核心、以实践为途径、以能力培养为目标的科技创新教育模式，让学生在参与中成长、在成长中发展。

（三）实施内容

“科教融合”是学校新一轮科技教育改革中比较突出、比较全面的一项工作，它强调以 PBL 模式为主，为学生提供丰富的、多元的知识和信息。要围绕培养学生的创新精神、实践能力及良好的科学素养，实施科技教育。具体工作内容包括如下内容：

（1）创新活动：组织学生进行科技探究实验与制作，如科学小制作研究活动。

（2）实验设计：做科学小实验主要是为了培养学生在观察实验的过程中养成习惯形成科学的思维方式与方法，如做物理小实验的目的是培养学生在实践动手能力的同时提高学生的创新能力。

（四）课程实施与评价

通过科技类综合实践活动的课程化，结合学校办学特色和综合实践活动的学科特点，在学校科技创新教育活动中实施以科技教育课程、科技教育活动、科技创新教育课程为核心的“三项活动”的实施策略，即科技活动设计与实施和科技教育实践活动的综合。科学课程实施要以学科知识为依托，以问题为中心，以研究为手段，以创新活动为载体，注重总结和反思，注重实践与创新人才的培养。课程实施要以竞赛活动的课程化、校本化后的课程为载体，以综合实践活动和社团活动为平台，以教师为主导，以任务达成评价为核心，以学生发展为根本目的，结合校本选修课程进行整体设计推进，充分发挥科技创新教育的育人功能。学校课程实施有相应的考核评价体系。学校在课程实施的过程中，充分发挥科技创新教育课程在实施过程中的重要作用。积极开展科技创新教育活动的科研成果展览活动，及时组织开展科技创新教育活动的校内外专家学术交流，以年级为单位开展科技创新教育的社会实践，加强科技教育基地与科技馆的合作，为学生搭建科技创新实践平台等，都应成为科技教育课程实施和评价的内容。

（五）具体措施

科技创新教育应结合学科特点，明确目标，强化过程。要坚持面向全体学生的原则，不断完善课堂教学，积极开展创新教育。要建立科学合理规范的教学管理制度，建立健全学生的课余生活制度、教学常规制度、课后辅导制度、学生实验操作和竞赛、学生劳动等方面的制度。建立健全相应的教学评价体系，逐步完善学校的各项工作制度。要结合教育教学实际组织开展各种形式的科技创新活动，促进学生思维能力和动手能力的发展，培养学生主动学习的习惯，提高学生创新意识与实践能力。要引导学生树立科学开放的思维方式，培养学生良好的科学素养和创新精神、实践能力和动手能力。

五、活动目标

（一）价值体认

（1）通过观察、实验、讨论等多种方式学习科技制作方法，增强对生活的感性认识。

（2）学生通过操作活动，能初步了解科技制作的方法，知道科技在生活中的重要作用。

（3）学生通过动手操作，初步掌握打地壶的方法，并能通实过验探究出地壶里有什么东西。

（4）学生能够感受到科技的力量，知道在生活中如果没有科技就不能很好地满足人类的需求。

（5）通过参与实验、探究活动及动手操作使他们体验到探索的乐趣，树立努力创造美好生活的信心。

（二）责任担当

（1）在生活中发现科技制作方法，增强对生活的感性认识。

（2）搜集有关“地壶”的资料，进行对比分析，知道生活物品由科技创造产生。

（3）在参与操作的过程中，体验探索与创造带来的乐趣。

（4）通过动手实践，体会到科学研究给人类带来的幸福和欢乐。

（5）知道“打地壶”是生活中一项重要的发明创造活动，使学生进一步认识到科技对人们生活的重要性，培养学生探索、研究、创新的精神和实践能力。

（三）问题解决

（1）通过观察、实验、讨论等多种方式，了解科技制作的方法和原理。

（2）通过小组合作学习的方式进行科技制作，提高学习的积极性。

（3）能说出地壶底部的结构特点。

（4）培养学生的观察与思考能力、思维和动手能力、实验创造能力及动手操作能力。

（5）在参与的过程中获得成功感和成就感，并增强学生学习科学知识的信心。

（四）创意物化

（1）了解常见的地壶底部结构特点并尝试制作。

（2）设计、制作完成地壶，并进行测试。

（3）设计、制作完成投壶器，并进行没度。

（4）培养学生热爱科学研究、善于探究问题、乐于学习新知识的良好品质。

（5）提高创新意识和合作精神。

（五）教师发展

在《“科技打地壶”的设计智慧》活动设计与实施中，提高教师对科技类综合实践竞赛活动内容的课程化、校本化的兴趣和热情，增强教师课程资源的整合能力。在活动组织中，进一步体会多元教学方法的运用，提高指导学生进行综合实践的能力。激发教师的活动热情，积累教师的教学经验，形成教育教学智慧，促进教师的专业发展。

六、实践活动对象和分析

《“科技打地壶”的设计智慧》适合三年级及以上年级的学生，他们有强烈的求知欲、好奇心、丰富的想象力，劳动类、科技类综合实践活动的目的之一是培养孩子的职业兴趣、科学兴趣、劳动观念。社会劳动实践的魅力在于“学而实习之”的“不亦说乎”。

新课程改革的目标是培养学生的科学素养、劳动素养，科技类综合实践活动对学生具有很强的吸引力，能够最大限度地拓展学习内容、学习空间，并能在活动过程中进行职业参赛选手、演讲人员、裁判人员、摄影人员等不同的职业体验。通过个人经验获得和能力的培养，充分激发他们的好奇心和求知欲望。

通过设计《“科技打地壶”的设计智慧》综合实践活动课程，让广大学生都能了解冰雪运动、能量转化知识，关注科技，具备一定的科技创新能力，尤其是基于真实情境的问题解决能力，促进每个学生全面而有个性地发展。在实施的过程中，需要结合每个学校的实际情况进行改进、完善和新的探索。

七、活动过程和步骤

为了让学生理解科学实验中的基本原理与方法，并能用自己观察的实验结果说明在地壶的工作原理方面能够达到进一步学习的目的，使学生有比较深入和系统地认识地壶及其材料的结构及功能特性，学习和掌握地壶使用方法和技巧。引导学生在动手实验的过程中体会探究的乐趣与学习的乐趣，以动手实践为手段提高学生的动手能力和创造能力。在掌握科学实验的基本方法后，通过分组和比较实验来提高学生认识地壶之间关系与地壶应用所产生的影响，从而促使学生进行自主探究，提高学生发现问题、解决问题过程中所形成的各项能力。同时通过活动让学生懂得了地壶是由许多材料组成的一种辅助工具，在实际生活中具有实用性和观赏性。

（一）准备阶段

（1）确认参与学生的范围，活动方案设计。教师首先确认学生对参与《“科技打地壶”的设计智慧》是否有兴趣，并对学生进行是否具备知识基础、能力特点等方面进行询问、了解等初步调查，确定参与学生对活动的兴趣倾向后，进行整体活动方案的设计。

（2）针对学生的成长特点、知识认知能力、对学习成果的预期等进行课程设计，分析开展过程中的重点、难点。

（3）依据授课条件，在模拟场地进行实践操作，并进行活动后的复盘。创新项目的设计与制作、模型制作等需要由学校协助的各项内容，适度降低制作的难度。提供给每位希望参与的学生进行深度探究和动手实践的机会。

（4）整体课程大致分为“前期准备—中期授课、实践—后期总结”三个基本环节。根据活动实施的各个环节，将学校教师、学生、家长等要素组织在一起。学生项目小组之间的课题设计需要进行沟通、协调，执行时需要配合，每个小组都有自己的核心任务，同步推进活动方案设计和实施。

（二）实施阶段

（1）小组讨论，进行项目组方案设计。

（2）分组评价设计方案的优势和问题。

（3）准备好材料、制作工具，依据设计进行制作。

（4）各小组自行负责检查实验效果，并进行得分核算：

1）通过观察地壶底部的形状、设计，分析滑行路线与滑行状态。

2）小组讨论：观察其他组制作地壶所用的材料与自己组制作的有什么不同？

思考点拨：小组内交流之后总结，通过交流后大家发现在其他组中没有采用过这种方法制作地壶，将其他组员中有类似经验者请出来帮助我们解决这个问题。

表11-2　青少年科技类综合实践活动成本清单

日期：2022 年 ×× 月 ×× 日　　　　　组别：TIS01 组

活动名称	第八届天津市青少年科技类综合实践活动				
活动人员	×××、×××、×××、×××				
活动地点		活动时间	2022年××月××日		
项目	物品	数 量	单价	小计	备注
地壶	材料 饮料瓶 活动道具 …				

（待续）

表11-2 青少年科技类综合实践活动成本清单（续）

地壶发射装置	结构件1				
	结构件2				
	结构件3				
	…				
其他	活动宣传				
	交通				
	场地				
	…				
合计					

11-3 《“科技打地壶”的设计智慧》活动安排

主题	目标	场所	授课人	准备事宜、材料准备	备注
第一节 命题分析	1.分析任务 2.分解任务	教室	学校教师	1.使用PPT等媒体资源 2.互动分组	明确任务
第二节 制定计划	1.时间安排 2.活动计划	教室	学校教师	1.教室用媒体设备 2.使用PPT等媒体资源 3.分组互动	明确进程
第三节 地壶设计	1.分组实施操作 2.地壶材料选择 3.地壶制作设计	教室	学校教师	1.学校提供活动场地、现场提供多媒体设备，播放PPT	创新设计
第四节 投壶器设计	1.分组实施操作 2.地壶材料选择 3.地壶制作设计	教室	学校教师	1.教室用媒体设备 2.使用PPT等媒体资源 3.分组互动	创新设计
第五节 创意物化	1.分组实施操作 2.整理收集材料 3.制作竞赛物品	体育馆	学校教师	1.教室用媒体设备 2.使用PPT等媒体资源 3.分组互动	动手实践

（待续）

11-3　《“科技打地壶”的设计智慧》活动安排（续）

主题	目标	场所	授课人	准备事宜、材料准备	备注
第六节 测试分析	1.分组实施操作 2.反复测试 3.数据分析 4.作品改进	报告厅	学校教师	1.教室用媒体设备 2.使用PPT等媒体资源 3.同类产品展示 4.拍摄记录 5.分组互动	职业 体验 能力 培养
第七节 附件制作	1.海报制作 2.地壶照片拍摄 3.投壶器照片拍摄 4.预算清单等	教室	学校教师	1.教室用媒体设备 2.使用PPT等媒体资源 3.软件、硬件条件 4.分组互动	信息 辅助
第八节 展示交流	1.现场竞赛 2.现场记录 3.总结表彰等	教室	学校教师	1.教室用媒体设备 2.拍摄装置 3.展示PPT等的媒体资源 4.实物作品	交流 展示 互动 提升

（三）总结阶段

（1）完成作品。

（2）提交作品。

（3）总结分析。

八、实践活动的收获和体会

（一）教育实践学生记录表

11-4　科技类综合实践活动记录表

项目组别		年级		学校	
项目组长		项目组成员			
活动时间		课时		地点	
授课教师					
学校带队教师（负责活动现场组织、观察和评价）					
学习方式	☑分享交流　☑小组合作　☑动手操作　□其他				

（待续）

11-4 科技类综合实践活动记录表（续）

活动记录	
活动前期准备情况	
学习活动简要记录	可以是手工作品、设计、照片（备注：时间、地点、事项、拍摄人等）、感受等方式
学习评价	自我评价，同伴评价，老师评价
授课企业（盖章）	年 月 日

注：此表为学生使用。

（二）教育实践心得体会

在初次拿到竞赛活动方案时，我对“科技打地壶”的认识仅限于地壶是由哪些材料组成的，投壶器是如何达到击打地壶的效果。对打地壶活动的认识仅仅局限于用什么材料做，怎么实现基础的功能的，为了充分发挥学生的主观能动性和创造力，将设计初稿与改进思路交给学生，用以抛砖引玉。

在教学过程中，教师与学生共同学习、成长，逐步改变了原来对打地壶活动的认知：地壶不仅使一个物体表面形成的圆环状区域，而且非常光滑和平整，能使一些物质变得非常容易地被击打到，这就使地壶成为一种既具有挑战性又具有娱乐性与实用性相结合的活动。在教学中，把重点放在引导学生动手操作、探究、创新活动上。学生动手操作学习了地壶的构造与性能，在整个实验过程中使学生感受到地壶制作的过程与意义，接下来让学生动手用电焊和其他加工方法制作地壶。

地壶活动是科学实验的一部分，但不是全部。地壶的运动机制与我们平常所说的“地壶”并没有什么区别，更不是所有的“地”都能产生“打”地功效。但需要在理解的基础上加以探究——掌握技巧及方法击打地壶的原理。地壶是一种创造性的活动，但它却是对科学技术有实际意义的、有益于社会的活动。教师一定要深入地认识它、了解它，并且更多地去实践，才能更好地培养学生发现问题、解决问题的能力。要把所学到的经验灵活地运用到实践中去，才能使教学更具有生命力。通过实践活动不仅提高了青少年的科学文化素质及动手能力，而且增强了其创造能力、动手能力、想象力及创造能力，促进了学生的个性发展。因此在学生的学习过程中教师要注意与教学相结合，把“地壶”活动同科技活动结合起来的实践活动很好地发挥了教学研究的作用。我将把本次活动作为今后工作中的重要内容和手段来实施、组织和推进。

九、课程实施过程注意事项

（1）活动场地一定要平坦，避免踩到杂物。

（2）场地要平整，以防击地壶时弹起伤人。

（3）活动时要注意安全，应注意不要受伤，不要玩尖锐物体。

（4）竞赛中要做到安全第一、遵守规则。

（5）活动中注意保护身体，防止外伤、扭伤、摔伤。

（6）活动中注意避免自己受伤（包括运动伤害和意外伤害）。

（7）每次运动结束后要做好清洁工作，如有破损现象应及时处理。

十、活动结果与分析

比赛能锻炼参与者们的协调能力、团队合作精神，以及将于规则熟记于心，提高运动水平，获得清多益处。通过这种方式可以培养青少年对科学运动项目本身的理解和学习。在具体操作中要求能够灵活地掌握和运用多种技能以取得更好的效果，所以在活动中青少年能以其较好的速度掌握各项技能，从而发挥出其应有优势，并取得优异成绩。同时这也是青少年们所期望得到的结果。例如打地壶运动所包含的科学思想、科学精神和顽强拼搏的意志品质可以很好地激发学生在面对困难时积极行动的积极性与主动性、自我评价和学习能力、解决实际问题的能力等。科学精神与意志品质和创新能力是我们每个青少年都应该具备的素质之一。

青少年参与科技打地壶活动的 3 个主要特征如下：对知识的需求程度较高；对规则遵守程度较低。在开展过程中需要根据青少年的学习兴趣与参与强度综合评价其参与度，以及参与项目所付出的时间和精力。并且针对年龄大小、性别进行区分，有针对性地进行教育，因为这会影响之后的发展。科技打地壶项目本身是一项集娱乐性、竞技性与观赏性为一体的科技类综合实践活动，学生通过参与其中达到提高自身能力的目的。同时也能够锻炼青少年的身体、培养他们吃苦耐劳的精神和协作精神，有利于未来更好地完成各项任务。相信青少年会对这项运动产生浓厚兴趣并投入其中，必将从中获益。

科技打地壶运动有着自身的优势，在一定程度上能培养青少年的创新能力，增加他们的创新思维，同时也可以提升团队协作能力。但在日常生活中，仍然存在着许多亟待解决的问题（例如缺少相关运动器材）。基础知识欠缺是对实践动手能力的影响因素之一。希望能通过设置相关课程和开展丰富多彩的活动来加强青少年对于这项运动的兴趣与关注程度，从而促进科技活动在青少年中不断地发展与普及。同时，能够将科技健身项目广泛地推广开来，让更多民众参与到科技健身活动中来。因此在今后的科技健身之中要加大青少年在科技打地壶上的锻炼，让更多人了解科技打地壶这项活动，并且利用网络和其他方式来扩大受众范围，使得科技体育活动能够得到发展并逐步普及。

青少年作为科技打地壶活动的参与者，在比赛中表现出明显的特征。例如对同伴的尊重和谦让、遵守规则、不干扰队友等都是他们愿意尝试的重要因素。作为青少年应具备基本的科学素质与意志品质。在参与这类活动前，要注意安全。比如活动中需要遵守规则等问题，在比赛中不要做出不利于他人的行为，如果违反了规则可能会被扣分，甚至会遭到教练、队友的投诉。因此青少年在参加活动时应尽量与同伴保持距离，以免影响他人活动。

十一、附件

（一）学生创新设计方案

11-5　技术发明报告

项目名称	陆面地壶竞技发射装置	申报者	张峰玮
本发明的目的	一、背景问题 2022年北京冬奥会获得巨大成功，越来越多的人关注冰雪运动，参与冰雪运动。根据冰壶运动的特点，设计一款可以应用于陆面发射的地壶发射装置，进一步丰富青少年的课余文化活动 二、技术领域 本设计是一款（发明□ 实用新型☑ 外观设计□）产品，应用于竞技，以解决地壶发射的问题 三、背景技术 旱地冰壶是冰壶运动的陆地版本，与冰壶的比赛规则基本相同，其保留了冰壶运动的重要特质，又打破了冰壶运动的场地限制，是冰雪运动发展的创新项目。现有的旱地冰壶完全靠人力发射，且对地壶材质及比赛场地地表面的要求较高。本设计拟解决发射地壶对地壶材质、地表面及投壶人员要求高的问题		
调查目前别人已经做过什么	通过“淘宝网（http://www.taobao.com/）”“京东商城（http://www.jd.com/）”等电子商务平台查询，国家知识产权局（http://www.sipo.gov.cn/gjcx.jsp）、中国专利查询系统（http://cpquery.sipo.gov.cn/）、专利之星（http://www.patentstar.cn/）、SooPAT专利搜索（http://www.soopat.com/）、专利检索及分析（http://www.pss-system.gov.cn/sipopublicsearch/portal/index.shtml）、佰腾专利检索（http://so.baiten.cn/）等专利检索系统检索，未查询到能够实现地壶发射相关功能的产品		

（待续）

11-5 技术发明报告（续）

三创意设想和方案

一、本设计具有以下优点和效果：

（一）功能设计

1.直径小于8.5cm地壶发射

（二）使用设计

1.操作简捷方便

2.发射力度可调节

3.发射力度重复性好

4.可重复使用

5.受发射地面及地壶材质影响小

二、设计方案

（一）设计构成

该设计由4部分组成，即发射器框架、助推器、蓄力调节装置、发射保护装置

1.第一部分名称：发射器框架

该部件的作用：链接固定

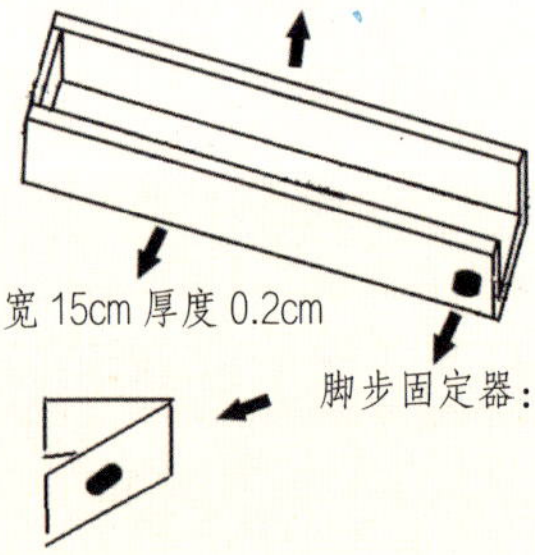

2.第二部分名称：助推器

该部件的作用：链接并推动地壶

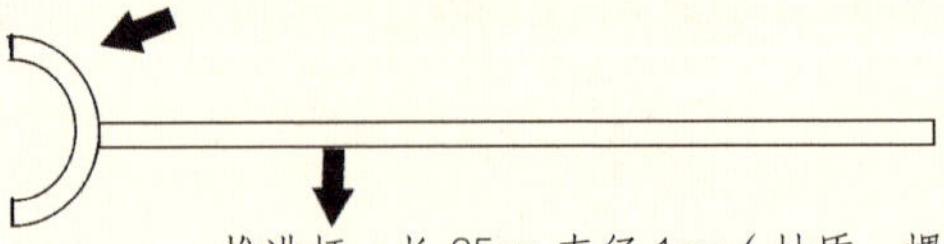

（待续）

11-5　技术发明报告（续）

创意设想和方案

3.第三部分名称：蓄力及调节装置

该部件的作用：蓄力，调节力度

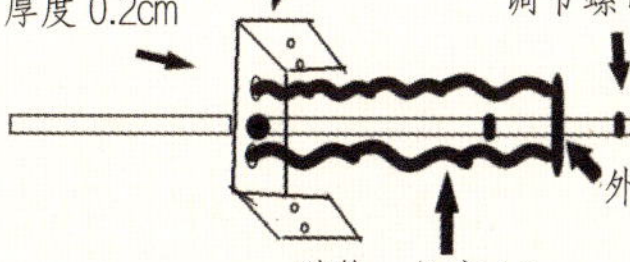

4.第四部分名称：发射保护装置

该部件的作用：发射保护

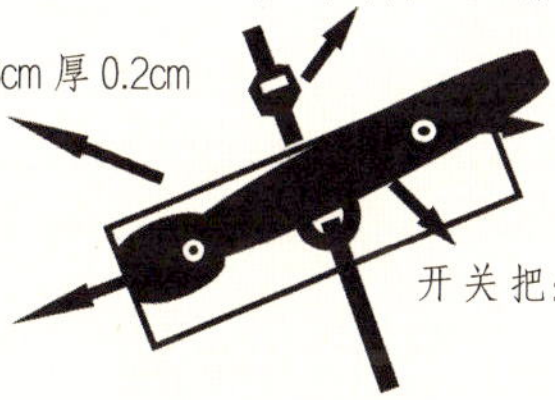

（二）制作方法

1.第一部分名称

制作步骤：将木方与钢板连接，安装脚部固定器

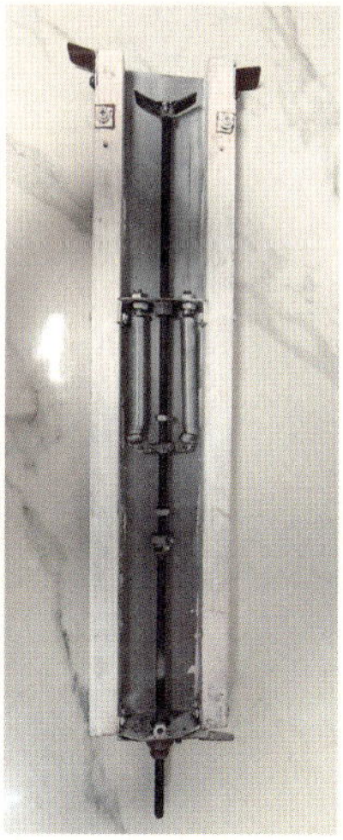

（待续）

11-5 技术发明报告（续）

创意设想和方案	2.第二部分名称：助推器 制作步骤：将助推头连接到螺纹杆上 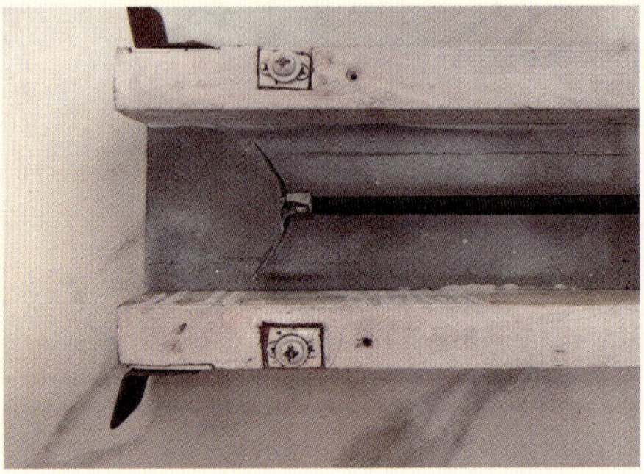 3.第三部分名称 蓄力及调节装置 制作步骤：将连接钢板安装到距木框前部28cm距后端50cm处，将螺杆穿过连接钢板，安装调节螺母及弹簧  4.第四部分名称发射保护装置 制作步骤：组装开关及保护装置，并连接到发射器木框上 

（待续）

11-5 技术发明报告（续）

创意设想和方案	三、成果展示 （一）发射器框架 为了使地壶的运动方向可控，地壶必须在一定长度轨道内运动后离开发射器，只有这样地壶发射后才能按一个固定方向运动 （二）助推器 推动地壶发射的螺杆所运动的方向必须对应地壶的圆心，上下可以略有偏差，这样地壶才能在发射器的发射轨道中心运动 （三）蓄力及调节装置 1.弹簧拉伸到一定长度能停住，击发瞬间弹簧收缩力作用在推杆上，推杆将地壶发射出去 2.由于竞赛地面不确定，不同场地的光洁度不一样，摩擦系数不一样，需要的发射力不一样，所以发射器的发射力度必须能够在一定的范围内进行调节。调节发射弹簧的拉力以此来控制发射推杆对地壶的作用力，进而能够调节地壶的运动距离 3.为使推杆在运动时受力平衡，采用左右2根弹簧 （四）保险装置 为防止发射开关误发的情况，设置保险装置以增强安全性 四、使用方法及注意事项 （一）使用方法 1.踩住固定器提拉螺杆运动拉伸弹簧，直至发射器开关卡住螺杆，插入保险销 2.放平发射器，调整发射位置，调节螺母 3.放置地壶 4.拔掉保险销，搬动发射开关，受弹簧拉力作用螺杆开始运动，从而推动地壶运动 （二）注意事项 1. 发射地壶时，人员不要站到发射器前 2. 发射器开关卡住螺杆后，要插入保险销，以免误碰导致提前发射地壶

（待续）

11-5 技术发明报告（续）

分析完成发明设计的一些限制条件	1.弹簧尺寸的选择 2.连接件的焊接、钻孔 3.发射器的安全性 4.装置整体的喷涂
发明设计方案的选择和测试	1.发射器发射力的选择 依靠拉伸弹簧收缩力发射地壶，相较于依靠橡胶的拉伸、收缩发射地壶和靠压缩弹簧的恢复力发射地壶，结构简单易加工，所以选择了此方法 2.拉伸弹簧方式的选择 第一个方案是采用旋转螺丝的方法拉伸弹簧，此方法的优点是可以拉伸较大拉力的弹簧，发射力较大。适合发射较重的和较远距离的地壶。缺点是发射器受力大，螺丝旋转需要的时间长 第二个拉伸弹簧的方案是用人直接拉伸弹簧。此方法的缺点是弹簧的拉力不能太大。拉伸的距离不能太长。优点是制作发射器简单。操作用的时间少 根据两个方案的优缺点采取了用人直接拉伸的方法拉伸弹簧。 实践证明：在比较光滑的地面，用人拉伸弹簧产生的拉力是能够将0.2千克的地壶发射5米以上距离的
检验你的发明设计方案	在校内地壶发射测试中验证了设计方案的可行性。可以发射各种直径小于8.5CM铁质、履职、塑料、橡胶等材质的地壶，发射距离可调节，可以达到预期距离
附件	□外观图（□ 手绘图 □照片）□ 结构图 □ 原理图 □数据记录 □其他（注明）：__________。 总计：__________件。

注：本报告不需提供实验记录原件，可提交复印件。

（二）活动过程照片

图 11-1　教师制作的设计样例。

图 11-2　学生设计研讨过程。

图 11-3　分组设计过程。

图 11-4 创新设计展示过程。

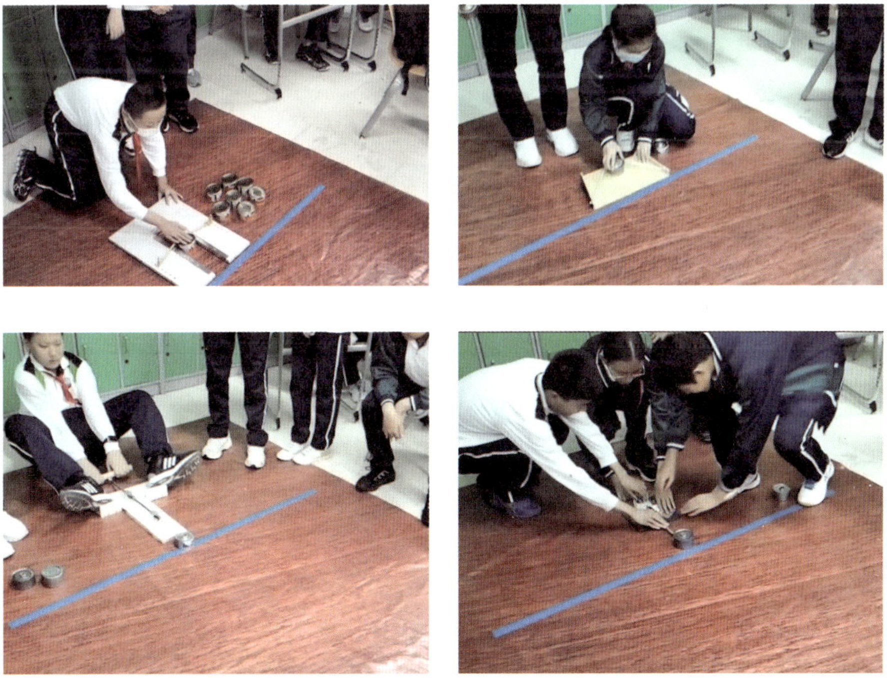

图 11-5 创新设计测试过程。

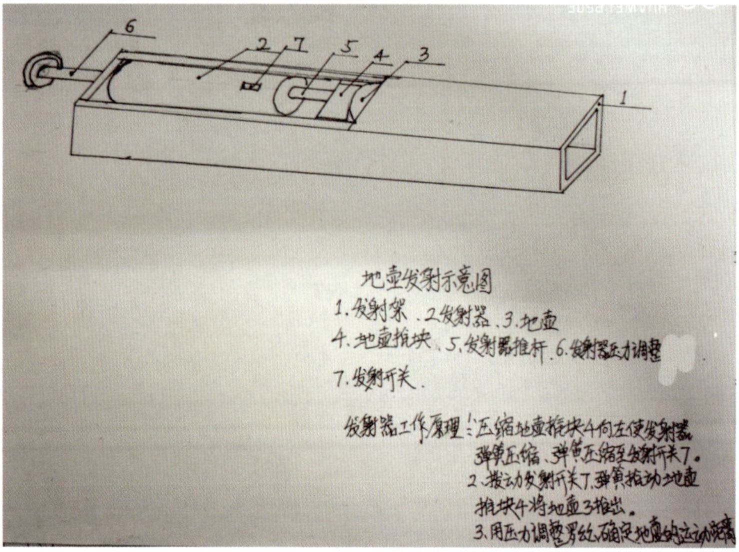

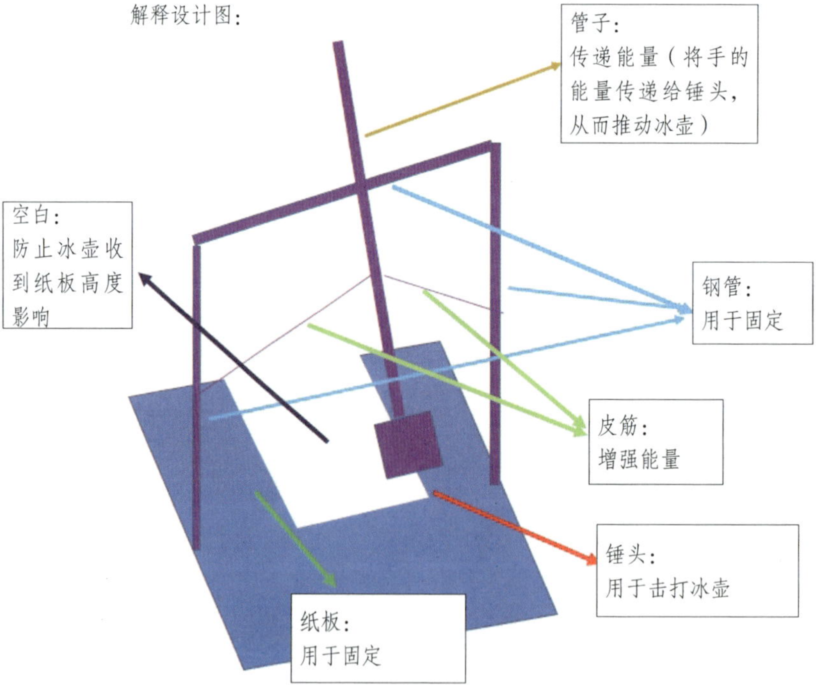

图 11-6　学生的设计图。（待续）

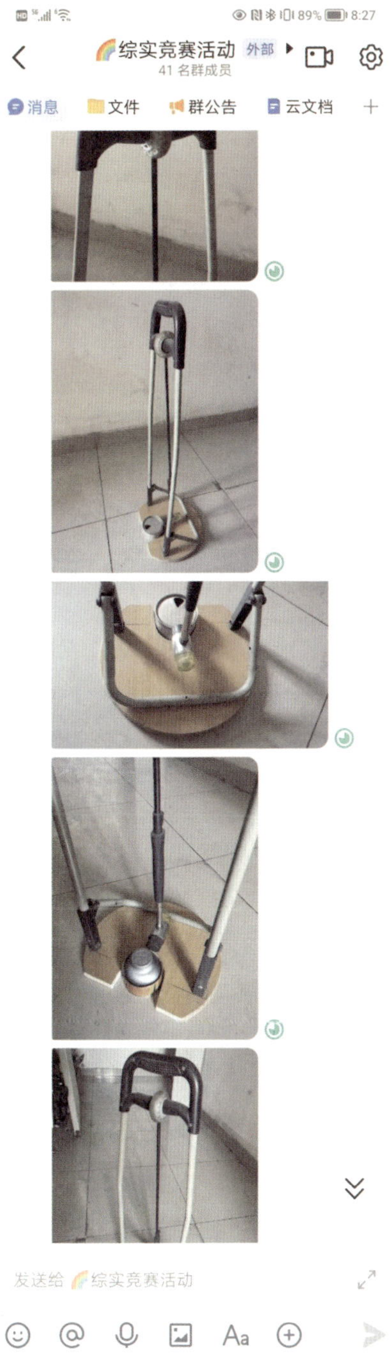

图 11-6　学生的设计图（续）

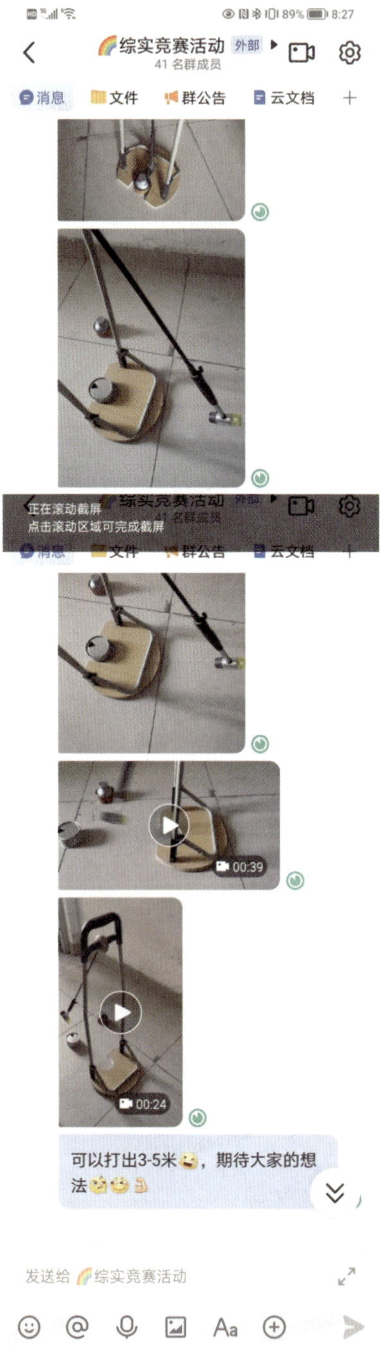

图 11-6　学生的设计图（续）

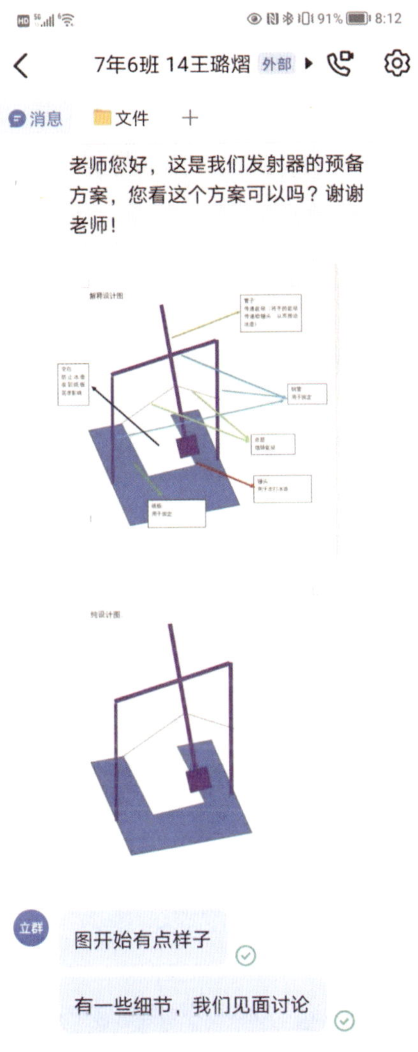

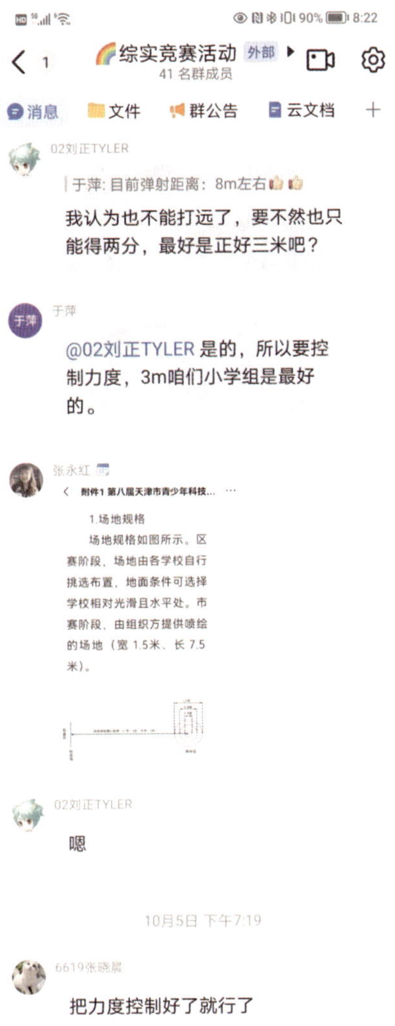

图 11-6　学生的设计图（续）

图 11-6　学生的设计图（续）

（三）活动海报

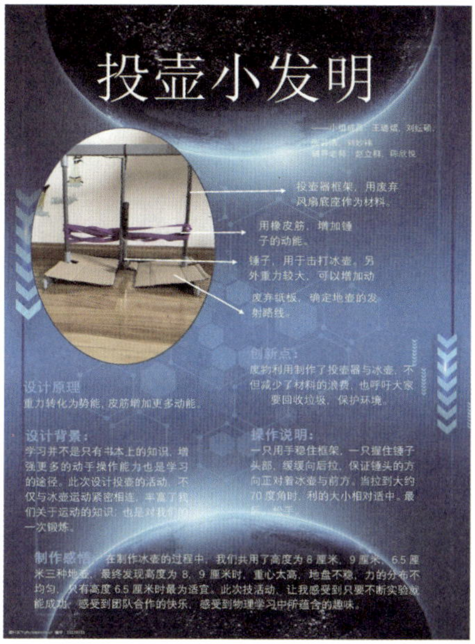
投壶小发明
指导老师：赵立群、陈欣悦
投壶器框架，用废弃风扇底座作为材料。
用橡皮筋，增加锤子的动能。
锤子，用于击打冰壶。另外重力较大，可以增加动
废弃纸板，确定地壶的发射路线。
创新点：
废物利用制作了投壶器与冰壶，不但减少了材料的浪费，也呼吁大家要回收垃圾，保护环境。
设计原理
重力转化为势能，皮筋增加更多动能。
设计背景：
学习并不是只有书本上的知识，增强更多的动手操作能力也是学习的途径。此次设计投壶的活动，不仅与冰壶运动紧密相连，丰富了我们关于运动的知识，也是对我们的一次锻炼。
操作说明：
一只用手稳住框架，一只握住锤子头部，缓缓向后拉，保证锤头的方向正对着冰壶与前方。当拉到大约70度角时，利的大小相对适中。最
制作感悟：在制作冰壶的过程中，我们共用了高度为8厘米、9厘米、6.5厘米三种地壶，最终发现高度为8、9厘米时，重心太高，地盘不稳，力的分布不均匀，只有高度6.5厘米时最为适宜。此次技活动，让我感受到只要不断实验就能成功，感受到团队合作的快乐，感受到物理学习中所蕴含的趣味。

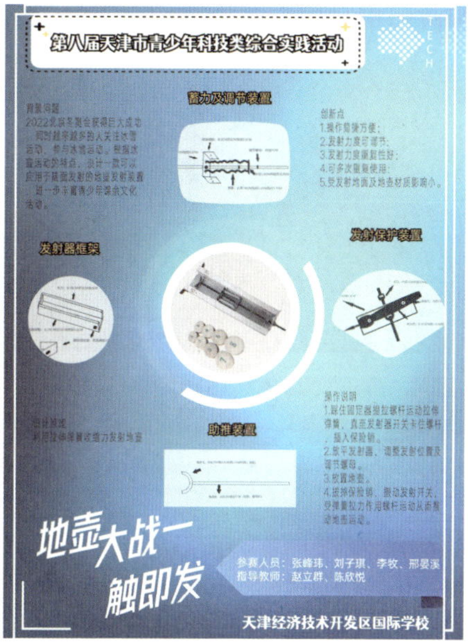
第八届天津市青少年科技类综合实践活动
TECH
蓄力及调节装置
背景问题
2022北京冬奥会获得巨大成功，同时越来越多的人关注冰雪运动，参与冰雪运动。根据冰壶运动的特点，设计一款可以应用于陆面发射的地壶发射装置，进一步丰富青少年课余文化活动。
创新点
1.操作简便方便；
2.发射力度可调节；
3.发射力度重复性好；
4.可多次重复使用；
5.受发射地面及地壶材质影响小。
发射器框架
发射保护装置
设计原理
利用拉伸弹簧收缩力发射地壶
助推装置
操作说明
1.踩住固定器拖拉螺杆运动拉伸弹簧，直至发射器开关卡住螺杆，插入保险销。
2.放平发射器，调整发射位置及调节螺母。
3.放置地壶。
4.拔掉保险销，拨动发射开关，受弹簧拉力作用螺杆运动从而推动地壶运动。
地壶大战一触即发
参赛人员：张峰玮、刘子琪、李牧、邢晏溪
指导教师：赵立群、陈欣悦
天津经济技术开发区国际学校

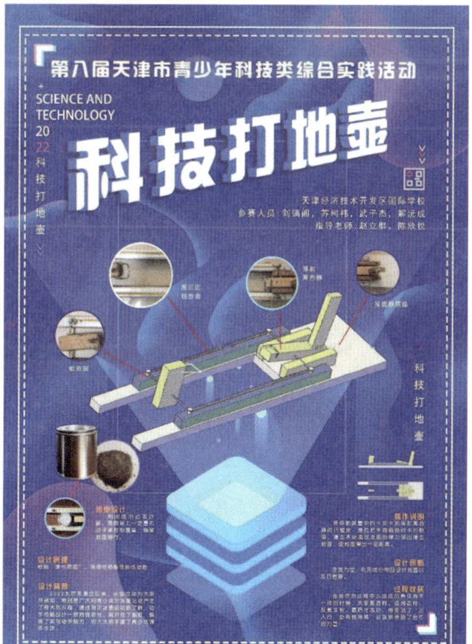
第八届天津市青少年科技类综合实践活动
SCIENCE AND TECHNOLOGY
2022
科技打地壶
天津经济技术开发区国际学校
参赛人员：刘镐阆，苏珂玮，武子杰，解泷成
指导老师：赵立群，陈欣悦
科技打地壶

（三）地壶及投壶器照片

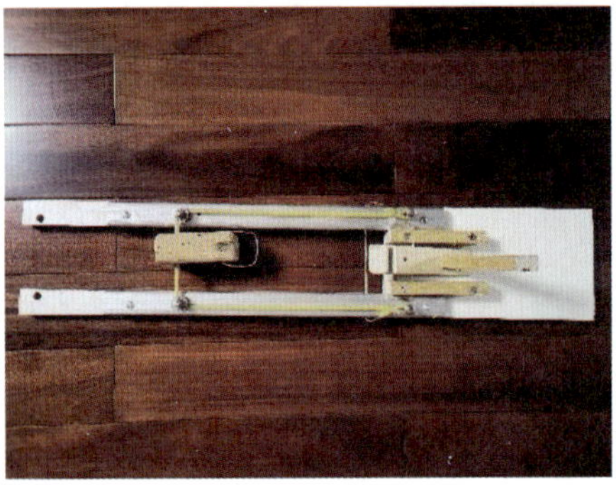

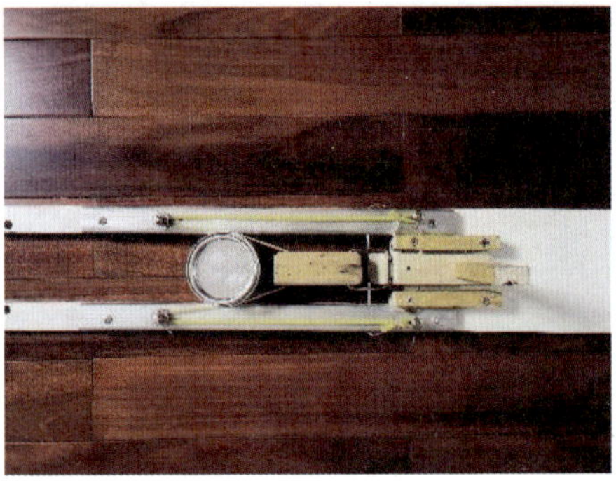

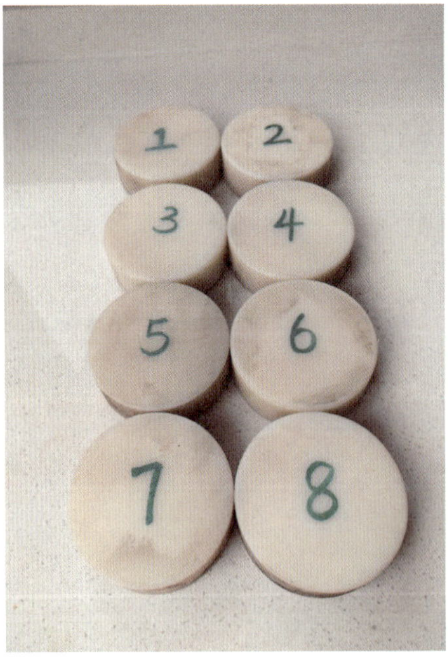

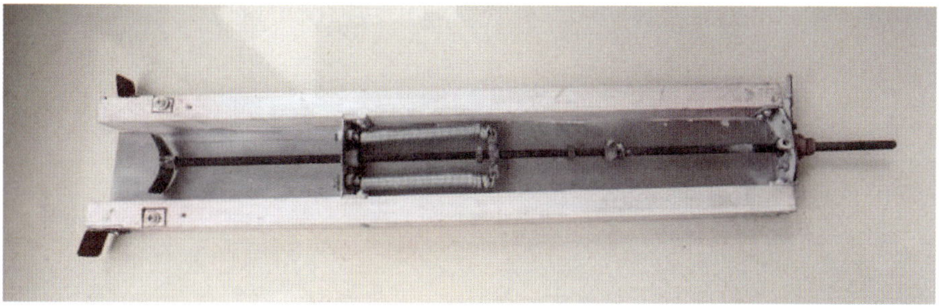

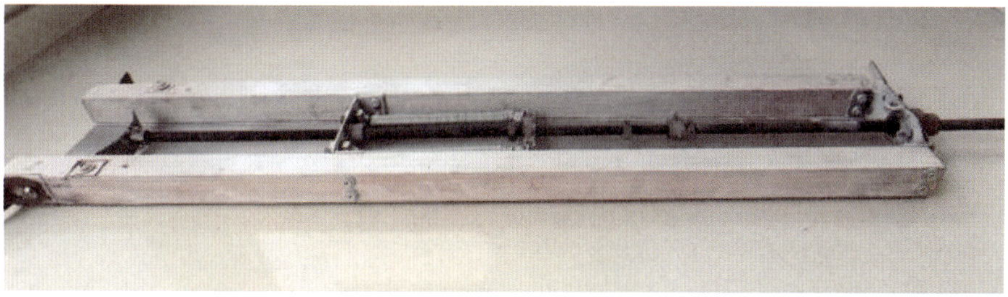

附　　录

附录 1：作品评价表

评价指标	评价内容	评分等级	测评分数
技术原理	符合科学原理，技术原理正确，电路图设计正确，较好体现学生的能力和水平	A.优秀40 B.良好30 C.合格20 D.不合格0	
操作表现	正确熟练使用液态金属，正确熟练操作液态金属打印机，贴片安装过程细致严谨	A.优秀40 B.良好30 C.合格20 D.不合格0	
功能演示	产品能够顺利进行演示，实现预先设计的功能	A.优秀40 B.良好30 C.合格20 D.不合格0	
创新体现	设计作品具备一定创新性，能够体现作者的创新思维	A.优秀40 B.良好30 C.合格20 D.不合格0	
艺术表现	电子作品美观整洁，具备一定的观赏性	A.优秀40 B.良好30 C.合格20 D.不合格0	

人文精神	作品能够体现作者对社会的思考、对文化的思考，作品立意有一定深度	A.优秀40 B.良好30 C.合格20 D.不合格0
活动表现	在合作过程中能否做到分工明确、团结协作、勇于担当	A.优秀40 B.良好30 C.合格20 D.不合格0
评价总分		

附录 2：活动效果评价表

	评价内容	□一般□感兴趣□很感兴趣
学生自评	A.你对此活动感兴趣吗？	□经常□少□从不
	B.你是否经常与同学合作研究？	□不愉快□愉快□非常愉快
	C.在活动中你是否愉快？	□没有□有□很有
	D.在此活动完成后，你有成就感吗？	□没有□有
小组互评	A.你所在的小组内是否分工合理、任务明确？	□不能□能
	B.你是否能和小组内成员积极合作？	□不能□能
	C.你是否能和他人交换共享信息？	□一般□满意□很满意
	D.你对你的小组活动成果满意吗？	□不愿意□愿意□很乐意
家长评价	A.你是否愿意让孩子参与此项活动？	□无变化□有进步□进步很大
	B.你的孩子参加活动后，各方面是否有进步？	□不感兴趣□感兴趣□非常感兴趣
	C.你对孩子参加的活动感兴趣吗？	□没必要□有必要□很有必要
	D.你认为孩子参加此类调查活动有必要吗？	□不主动□主动□很乐意

教师评价	A.学生是否主动配合你的活动？	□无变化□有变化□进步很大
	B.学生参加活动后，行为习惯是否有变化？	□无困难□有困难□很困难
	C.活动中，感到困难吗？	□没达到□达到□效果好
	D.活动是否达到了预期目标？	

附录3：过程评价表

活动时间		活动地点	
活动人员			
活动内容摘要			
活动实施效果			
教师评价			

记录人：（　　　）